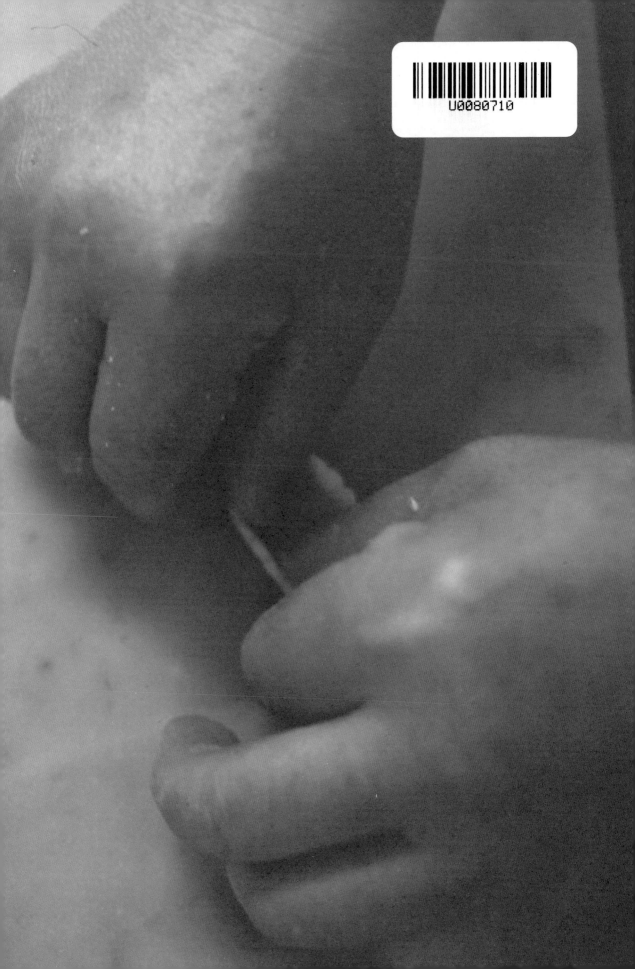

オーボン ヴュータン

河田勝彦
法式一口甜點・手工糖果

Petit four et Confiserie

瑞昇文化

目次
SOMMAIRE

005

5 手工糖果
Confiserie

製作前須知

● 除非特別說明不需要之外，麵粉等粉類都要事先過篩備用。

● 無特別說明時，蛋白均使用置於常溫下3天～1週的蛋。

● 無特別說明時，水果糊（purée）均使用冷凍品，採取以火加熱方式，事先解凍備用。

● 除了特別說明成份之外，鮮奶均使用乳脂肪成份4％的產品，鮮奶油使用乳脂肪成份45％的產品。

● 基本上，巧克力是使用加入可可奶油的調溫巧克力。加熱至40℃使其融化時，採用烘箱（保溫・乾燥箱），若無烘箱，也可以隔水加熱慢慢融化。

● 蘭姆酒全部使用黑蘭姆（dark rum）。

● 融化奶油容易氧化，請儘量在使用前才製作，除了特別說明的之外，均使用融化程度溫度（人體體溫程度）的奶油。

● 用屈折計來測量糖度時，標示單位為「％brix」（％白利度），其數值和一般以％來表示的濃度相同。用波美度（baume）表示的糖度數值，則是用比重計測量時的單位，兩者的數值不同。

● 製作乳脂狀奶油時，置於常溫中回軟的奶油，氧化後恐有臭味，所以請將奶油放入鋼盆中，盆底用火稍微加熱至部分軟化後，再攪拌混合成所需的乳脂狀。

● 在高速轉動的攪拌機中添加材料時，為避免材料飛散出來，即使沒有說明，也要暫時減速。

● 烘烤前的烤盤，基本上要薄塗雜質少的澄清奶油。

● 書中所稱的「室溫」和「常溫」，是指21℃。

關於飴糖

● 準備飴糖專用保溫燈、矽膠烤盤墊和隔熱手套。

● 基本上，為避免飴糖拉塑或成形時變硬，視需要置於飴糖專用燈下保溫。在「Au Bon Vieux Temps」拍攝時，我除了使用80℃的飴糖專用燈外，也採用特別訂製，有電熱線通過，可設定40℃的工作台來保溫。2008年起再度改良，目前我已不太使用保溫燈，而是引進能保溫在60℃下特別訂製的大工作台，能確保有穩定的溫度。

● 製作飴糖時，室內濕度最好調整成30～40％，讓飴糖在不易受潮的環境中製作。

● 製作飴糖用糖漿時，最好使用有注入口設計，原文名為「poêlon à sucre（以下稱單柄銅鍋）」的銅質單柄鍋。

● 飴糖中使用的酸，具有增加酸味的作用。水果類糖果使用「檸檬酸」，其他類糖果使用「酒石酸（tartaric acid）」。

● 測量糖漿的溫度時，因表面溫度已降低，應測量液體中心的溫度為準。

什麼是一口甜點？

在日本，瑪德蓮蛋糕和費南雪被稱為「半乾（Demi-Sec）」甜點，不過，很多人都不知道Demi-Sec這個詞，最初是源自一口甜點（Petit four）。一口甜點可分成四大類。意指新鮮的「Glacé（新鮮類）」、具有半乾意思的「Demi-Sec（半乾類）」、意指乾燥甜點的「Sec（乾燥類）」，以及本書並未收錄，在千層酥皮麵團上撒

起司、芝麻等烘烤而成，非常大眾化的「Salé（鹹味類）」甜點。

瑪德蓮蛋糕和費南雪，以麵糊分類確實是「半乾類（Demi-Sec）」，但是在甜點的分類上，屬於「旅人蛋糕（Gâteaux de voyage）」（原指能長期保存，方便攜帶的甜點，故得此名），或是適合配茶享用的法式糕點（Gâteaux du thé）的範疇。

一口甜點分成Glacé、Sec這樣的區分法，不是根據賞味期限來區分它們的不同而是麵糊的分類。那麼，一口甜點究竟是什麼樣的甜點呢，我希望你了解這部分內容。

一口甜點是組合甜點

Petit Four（一口甜點）不只是法文原意的「小甜

點」之意。基本上，它一定得是「組合（assorti）」的甜點。

就像高級餐廳提供的華麗盤飾甜點，或是甜點後面供應的小甜點（mignardise）拼盤般，盤中一定會組合五花八門的甜點和多樣的味道。譬如，準備10種只用單一貝里麵糊（→P.12）製作，或只有沾裹不同色翻糖的甜點，這樣就不能作為一口甜點的組合。一口甜點意味著，由不同的甜點構成，甜點具備了不同麵糊、多樣奶油餡、差異口感、裝飾、外形等各式各樣的要素。

組合甜點的前提是，有熱的，就會有冷的，還有各式各樣口感的，若是高檔餐廳的話組合5～6種，飯店等的酒宴（banque）上，組合10種就行了。

不過，若是在甜點店，因為能廣泛處理各式麵糊和奶油餡，所以可以推出更豐富的品項。再說，甜點職人希望能讓顧客吃到五花八門的甜點，正因為如此，若是甜點店，應該能推出令人期待變化豐富的一口甜點。

從前的法國甜點店，自然都會製作作為酒宴外燴商品的一口甜點。因為酒宴用甜點的批發需要，小店裡無法在店頭陳列所有商品，（甜點的包裝方法馬虎，在店裡購買乾燥類或鹹味甜點，沒有分開包

裝，有時回家後都沾黏成塊狀）。

　　法國常舉辦派對，有家人和朋友們為少數人慶祝生日等的迷你派對，也有企業為了介紹新商品等所舉辦的發表會等大型派對等。甜點店根據派對的目的和預算，考量甜點的品項，即使是小店，也能陸續送出符合每次派對主題的商品。那就是一口甜點。所以，對法國人來說，一口甜點是身旁的甜點，他們享用的同時也了解什麼是半乾類、什麼是乾燥類一口甜點。

　　專門承辦酒宴活動的外燴公司興起後，也一手承包一口甜點的製作，特別是小甜點店不得不減少製

點。一般的吃法是，一個個喜愛的甜點搭配著茶或咖啡等一起享用。而法國的熱銷商品──多層次蛋糕（Entremets），則是大家圍成一圈共享的一個大型甜點。

　　那麼，一口甜點有何優點呢？

　　即使是小的甜點，我想若是烘烤類甜點（Gâteau du thé），喜歡吃的就行了。但若變成一口甜點，它必須是滿足大家想吃各式各樣甜點的欲求，在酒宴等推出時還兼具增添華麗的功用。雖說一口甜點是多數人吃的甜點，可是我想它和多層次蛋糕的不同點就在於此。一口甜點是最能呈現華麗感的甜

作一口甜點。儘管如此，對法國人來說，一口甜點是身旁的甜點。它是法國甜點心不可缺的範疇，所以也是我不能錯過的甜點。我覺得一口甜點是擁有最多品項的華麗甜點，連我自己也樂在其中。

　　一口甜點分成新鮮類、半乾類、乾燥類和鹹味類，並不是根據賞味期限的長短。因為一口甜點是必須搭配麵團、甜點種類、口感等不同元素的「組合」甜點，所以基本分成四大類。若是甜點店就必須了解這一點。

一口甜點的吃法和優點

　　甜點有各式各樣的吃法，和不同的食用情況。一口甜點正確的名稱為「個人蛋糕（Gâteaux individuels）」，意指專為一人食用而製作的甜

點，甜點店絕不可或缺。是擁有它就能讓人心情平靜的甜點。

　　藉由一口甜點的搭配妙趣來增添華麗雖是重點，不過，我的店販售時，卻清楚區分新鮮類、半乾類和乾燥類等。這是希望讓日本顧客也能了解什麼是一口甜點。

　　此外，味道濃厚也是一口甜點的特色。以手工製作的東西具有溫度。即使是泡芙，以手工擠製完成時也會有時朝這、有時朝那。雖然這都是法國甜點的優點，不過，甜點越小越需增加人手。就像仔細擠製鳳梨的形狀，或沾裏翻糖後再裝飾上切小塊的糖漬水果等便是如此。

　　甜點能使人心情平靜，經由人之手的甜點味道更濃厚，讓人感到溫暖與放鬆。

　　這也是一口甜點的優點之一。

Petit four glacé
新鮮類一口甜點

1

在法語中，這類一口甜點也稱為「Petit four frais」。
Frais有新鮮的意思，
是具濕潤感且如日式生菓子感覺般的甜點總稱。
除了使用生菓子所用的麵糊外，也用泡芙所用的甜塔皮。
另採用鮮度為要的新鮮水果和卡士達醬等材料，
像是使用甜塔皮（Pâte sucrée）的
「紅漿果船形塔（Barouette aux fruits rouges）」（→P.37），
其中還填入大量讓人滿溢口中，水潤多汁的水果，
全是講究鮮度的甜點。大多數的甜點採用較柔軟的麵糊。
此外，即使同樣沾覆飴糖，也不是使其糖化（結晶化）成為糖衣，
久置會泛潮的飴糖「水果杏仁糖（Fruits déguisés）」（→P.62）即屬於這類甜點的範疇，
畢竟這類甜點必須具備新鮮度。

Pâte à Berrichons
貝里麵糊

這是用生杏仁膏（→P.204）和蛋白製作的麵糊，
麵糊能夠擠製，所以能隨心所欲製成各種形狀。
是新鮮類一口甜點所採用的基底麵糊之一，
麵糊經烘烤質地會變硬，
因質地堅硬，所以能作為甜點的基底。
主流作法是在基底擠上大量奶油餡，
再沾裹翻糖。
在一百多年前出版的甜點技術書
《TRAITÉ DE PÂTISSERIE MODERNE》中，
也曾提及這種大眾化麵糊，
製作新鮮類一口甜點時，它是頻繁使用的麵糊。
搭配的奶油餡不但多樣化，造型和顏色也能自由表現，
不過，P.40中介紹的「方塊小蛋糕」是使用不同的麵糊。

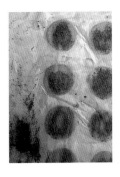

Pâte à Berrichons
貝里麵糊

分量　成品約690g
生杏仁膏 pâte d'amandes crue
（→P.204）—— 500g
蛋白 blancs d'œufs —— 50g

蛋白 blancs d'œufs —— 105g
低筋麵粉 farine faible —— 37g
白砂糖 sucre semoule —— 適量Q.S.

1
在鋼盆中放入生杏仁膏，用手捏碎變軟後，將蛋白50g分2次加入其中，每次都要握捏般拌捏混合。混勻後再加入第二次的蛋白。

5
混合後，用刮板徹底刮淨黏附在盆邊的麵團。這是製作麵糊和奶油餡時的基本作業。

2
同時，在銅盆中放入蛋白105g，用打蛋器開始打發，打發至蛋白霜尖角能豎起的程度。
＊若事先用機器打發，混合時氣泡已消泡，所以要手工打發。

6
在烤盤上鋪上烤焙紙，用10號的圓形擠花嘴擠製長徑3.5cm的橢圓形，或擠成直徑2.5～3cm的圓形。
＊P.15～19中使用的麵糊225g，可擠製橢圓形27個，若是圓形可擠製35個。

3
在1中加入低筋麵粉，再將2的蛋白霜分3次加入混合。最初用手如捏握般混合，加入第2次後繞圈混合。

7
在擠在6的烤盤後方的麵糊上，撒上大量的白砂糖，將烤盤往前傾讓砂糖沾覆麵糊整體。倒除多餘的砂糖，直接置於常溫中一晚。
＊靜置一晚能讓麵糊安定，外形明確。

4
加入最後的蛋白霜後輕柔地混合。若加入葡萄乾、櫻桃等混合材料時，是在此作業之後進行。
＊若混合時產生麵筋，烘烤後會變硬，因此不可過度混拌。

8
以180℃烘烤15分鐘。烤好後在紙下倒水，讓紙濕軟，一個個撕下完成的基底。放涼備用。
＊紙瞬時遇涼會冷縮，較容易撕下基底。

Raisin
葡萄乾

分量　35個份

貝里麵糊（→P.14）pâte à Berrichons ── 225g

＊麵糊擠成直徑2.5～3cm的圓形後烘烤（→P.14）。

奶油餡 crème au beurre

┌ 無鹽奶油 beurre ── 100g
│ 蛋黃霜 pâte à bombe（→P.197）── 33g
│ 蘭姆葡萄乾 raisins secs marinés au rhum ── 33g
│ ＊葡萄乾在1天前泡水回軟，瀝除水分後，放入蘭姆酒中
│ 浸泡而成。以下同樣。
│ 蘭姆酒 rhum ── 10g
│ 義式蛋白霜
└ meringue italienne（→P.197）── 33g

翻糖 fondant（→P.202）── 適量Q.S.

波美度30°的糖漿 sirop à 30°B
（→P.202）── 適量Q.S.

蘭姆葡萄乾 raisins secs marinés au rhum ── 35顆

a

d

b

e

c

f

① 將瀝除水分的蘭姆葡萄乾33g大致切碎備用（圖a）。

② 製作以蛋黃霜為底的奶油餡。將奶油攪打成乳脂狀，加入蛋黃霜大略混合，加入①再混合（圖b）。加入蘭姆酒混合，最後加入義式蛋白霜，用木匙如切割般混拌。

③ 在烤好的基底上，用10號圓形擠花嘴分別擠上6g弱的②的奶油餡（圖c）。放入冷藏庫使其冷凝。

④ 在鍋裡放入揉軟至變形程度的翻糖，加入波美度30°的糖漿，不時加熱讓溫度保持在30℃以下，讓翻糖回軟至落下時呈細絲帶狀的濃稠度即可（圖d）。

＊溫度若達30℃以上，翻糖變涼凝固時，結晶會變粗。

⑤ 用小刀插入③的底部，再放入④中浸沾（圖e）翻糖，只保留下面部分不沾。拿起甜點，刮壓鍋緣或用手指抹去多餘的翻糖後，放在網架上。

＊在翻糖30℃弱呈流動狀時沾裹。翻糖變涼凝固的話再加熱一下。

⑥ 在⑤的上面，用紙製擠花袋將翻糖擠成螺旋狀（圖f），裝飾上瀝除汁液的蘭姆葡萄乾。

Montmorency
蒙莫朗西

分量　32個份

貝里麵糊（→P.14）pâte à Berrichons ── 225g

＊麵糊擠成直徑2.5～3cm的圓形後烘烤（→P.14）。

奶油餡 crème au beurre ── 32個份

「無鹽奶油 beurre ── 100g

蛋黃霜 pâte à bombe（→P.197）── 33g

櫻桃白蘭地漬糖漬櫻桃
bigarreaux confits marinés au kirsch ── 33g

＊bigarreaux是野生櫻桃的改良種。
使用染成紅色的市售糖漬櫻桃。
用適量的櫻桃白蘭地醃漬3個月備用，瀝除醃漬液後使用。

櫻桃白蘭地 kirsch ── 15g

義式蛋白霜 meringue italienne（→P.197）── 33g

玫瑰翻糖 fondant rosé

「翻糖 fondant（→P.202）── 適量Q.S.

波美度30°的糖漿 sirop à 30°B（→P.202）── 適量Q.S.

紅色色素 colorant rouge ── 適量Q.S.

＊用少量水溶解備用。

櫻桃白蘭地漬糖漬櫻桃
bigarreaux confits marinés au kirsch ── 適量Q.S.

① 在奶油餡用的33g甜櫻桃上，淋上櫻桃白蘭地10g，沾滿酒汁後大致切碎備用（圖a）。

② 製作以蛋黃霜為底的奶油餡。將奶油攪打成較硬的乳脂狀，加入蛋黃霜大略混合，再加入①混合（圖b）。加入剩餘的櫻桃白蘭地混合，最後加入義式蛋白霜，用木匙如切割般攪拌混合。

③ 在烤好的基底上，用10號圓形擠花嘴分別擠上約6.5g的②的奶油餡（圖c），放入冷藏庫使其冷凝。

④ 在鍋裡放入已軟化的翻糖，加入波美度30°的糖漿，不時加熱讓溫度保持在30℃以下，讓翻糖回到和「葡萄乾」甜點相同的濃稠度（→P.15・④）。一面察看顏色，一面慢慢加入少量色素混合成粉紅色。

⑤ 用小刀插入③的底部，再放入④中浸沾翻糖，只保留下面部分不沾（→P.15・圖e）。拿起甜點，刮壓鍋緣或用手指抹去多餘的翻糖後，放在網架上。

⑥ 在⑤的上面，用紙製擠花袋將翻糖擠成螺旋狀（→P.15・圖f）。薄削去櫻桃白蘭地漬糖漬櫻桃的皮的部分（圖d），用10號圓形擠花嘴切取直徑10mm的圓形，裝飾在上面。

＊裝飾用的糖漬櫻桃因果肉柔軟，無法切出漂亮的外觀，所以只使用皮。

Noyau
核桃

分量　27個份

貝里麵糊（→P.14）pâte à Berrichons ―― 225g

奶油餡 crème au beurre

- 無鹽奶油 beurre ―― 100g
- 蛋黃霜 pâte à bombe（→P.197）―― 33g
- 咖啡粉 café moulu ―― 10g
  - ＊肯亞產咖啡豆冷凍乾燥後磨製成粉。
- 義式蛋白霜
  meringue italienne（→P.197）―― 33g

咖啡翻糖 fondant au café

- 翻糖 fondant（→P.202）―― 適量Q.S.
- 波美度30°的糖漿 sirop à 30°B（→P.202）―― 適量Q.S.
- 咖啡濃縮萃取液 trablit ―― 適量Q.S.

核桃 noix ―― 適量Q.S.

＊使用整顆核桃分半後再切半（1/4大小）的核桃。

a

b

c

d

e

f

① 參照P.14製作麵糊，依步驟6擠製成長徑3.5cm的橢圓形後，放上切成四分之一大小的核桃（圖a）。之後，同樣撒上白砂糖後烘烤放涼備用。

② 製作以蛋黃霜為底的奶油餡。將奶油攪打成乳脂狀，加入蛋黃霜大略混合，撒入咖啡粉混合（圖b～c）。最後加入義式蛋白霜，用木匙如切割般混拌。

＊使用冷凍乾燥的肯亞產咖啡粉，以呈現芳醇香味。

③ 在烤好的基底上，用10號圓形擠花嘴分別擠上約6.5g的②的奶油餡（圖d）。放入冷藏庫使其冷凝。

④ 在鍋裡放入揉軟的翻糖，加入波美度30°的糖漿，不時加熱讓溫度保持在30℃以下，讓翻糖回軟至落下時呈粗絲帶狀的濃稠度。加入咖啡濃縮萃取液，混合至呈奶褐色為止。濃稠度是舀取翻糖後能呈絲帶狀落下，落下痕跡略微下沉的狀態（圖e）。

⑤ 將③排放在網架上。用木匙舀取④的翻糖，一面讓它流落，一面淋覆在③的奶油餡上，木匙呈螺旋狀轉動，最後拉高切斷翻糖（圖f）。若有多餘的翻糖流下的話，用手指拭除。

⑥ 放上切成四分之一的核桃做裝飾。

Praliné-chocolat
巧克力堅果

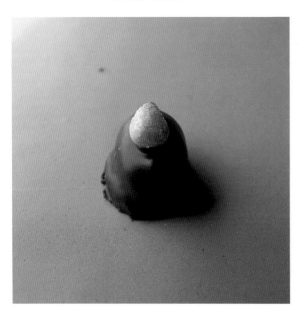

分量　27個份

貝里麵糊（→P.14）pâte à Berrichons —— 225g

＊麵糊擠成長徑3.5cm的橢圓形後烘烤（→P.14）。

奶油餡 crème au beurre

> 無鹽奶油 beurre —— 100g
> 蛋黃霜 pâte à bombe（→P.197）—— 33g
> 堅果醬 praliné clair（→P.208）—— 33g
> 甘那許 ganache（→P.198）—— 60g
> 義式蛋白霜
> meringue italienne（→P.197）—— 33g

杏仁（去皮）amandes émondées —— 27顆

＊使用西班牙產馬爾可那（Marcona）種杏仁。裝飾用。

蛋白 blancs d'œufs —— 少量une pointe

白砂糖 sucre semoule —— 適量Q.S.

巧克力翻糖 fondant au chocolat

> 翻糖 fondant（→P.202）—— 適量Q.S.
> 波美度30°的糖漿 sirop à 30°B（→P.202）—— 適量Q.S.
> 可可膏 pâte de cacao —— 適量Q.S.
> ＊以40℃融化備用。
> 紅色色素 colorant rouge —— 適量
> ＊用少量水溶解備用。

① 裝飾用的杏仁烤過備用。在鋼盆中放入極少量蛋白，打發成粗泡沫程度，加杏仁混合（圖a），再加白砂糖裹覆。用低溫的烤箱烤乾（圖b）。

＊杏仁也可以放入有餘溫的烤箱中，烘乾使其泛出光澤。

② 製作以蛋黃霜為底的奶油餡。將奶油攪打成乳脂狀，加蛋黃霜大略混合，加入堅果醬混合（圖c）。再加甘那許混合，最後加入義式蛋白霜用木匙如切割般攪拌混合。

③ 在烤好的基底上用10號圓形擠花嘴每個約擠上6g的②的奶油餡（圖d），放入冷藏庫使其冷凝。

④ 在鍋裡放入揉軟的翻糖，加入波美度30°的糖漿，不時加熱讓溫度保持在30℃以下，邊攪拌邊加熱，讓翻糖回軟至落下時呈絲帶狀的濃稠度。一面觀察顏色，一面加入融化的可可膏混合，最後加入紅色色素，調成可口的巧克力色。濃稠度和「核桃」相同（→P.17・④）。

⑤ 將③排放在網架上。用木匙舀取④的翻糖，一面讓它流落，一面淋覆在③上，木匙呈螺旋狀轉動，最後拉高切斷翻糖（→P.17・圖f）。若有多餘的翻糖流下的話，用手指拭除。

⑥ 每個放上1顆①烤過的杏仁做裝飾。

Ganache
甘那許

分量　27個份
貝里麵糊（→P.14）pâte à Berrichons —— 225g
＊麵糊擠成長徑3.5cm的橢圓形後烘烤（→P.14）。
甘那許 ganache（→P.198）—— 230g
巧克力翻糖 fondant au chocolat（→P.18）—— 適量Q.S.
黑巧克力（可可成分55%）
chocolat noir 55% de cacao —— 適量Q.S.
＊裝飾用。

a

b

① 裝飾用巧克力調溫（→P.50・1）後，薄薄抹在紙上（圖a），趁凝固成片之際，用小刀切成1cm寬的菱形。
② 在烤好的甜點基底上，用10號圓形擠花嘴每個約擠上8g的甘那許，擠成上端稍微尖起（圖c）。放入冷藏庫使其冷凝。
③ 製作和「巧克力堅果」相同的巧克力翻糖（→P.18・④）。
④ 將②排放在網架上。用木匙舀取③的翻糖，一面讓它流落，一面淋覆在②上，木匙呈螺旋狀轉動，最後拉高切斷翻糖（→P.17・圖f）。若有多餘的翻糖流下的話，用手指拭除。
⑤ 裝飾上4片①的巧克力裝飾。

［新鮮類一口甜點］貝里麵糊

Pâte à choux
泡芙麵糊

泡芙和法式小蛋糕（Petits gâteaux）所用的麵糊和奶油餡完全一樣。

但是，使用奶油餡和淋面的方法卻有微妙的差異。

泡芙以沾裹翻糖為主流。

有些會以染色翻糖來增加花飾變化，

在外觀上加上有別於小蛋糕的趣味性，是一口甜點獨有的特點。

另外，小的閃電泡芙（Éclair）稱為「卡洛琳（Caroline）」，

相對於法式小蛋糕只在上部沾裹翻糖，

卡洛琳是整個裹覆翻糖。

若是法式小蛋糕，在奶油餡中加入堅果醬的話，

味道感覺會太厚重，而一口甜點因體積很小，

蛋奶餡的味道濃郁吃起來反而更美味。

Pâte à choux
泡芙麵糊

分量　成品1445g

鮮奶 lait —— 250g

水 eau —— 250g

無鹽奶油 beurre —— 225g

白砂糖 sucre semoule —— 10g

鹽 sel —— 10g

低筋麵粉 farine faible —— 300g

全蛋 œufs entiers —— 400g

1
在鍋裡放入鮮奶、水、奶油、白砂糖和鹽煮沸，確認奶油融化後熄火。

2
在1中加入低筋麵粉，用木匙迅速攪拌混合至看不到粉粒為止。

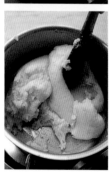

3
再次開大火加熱，一面加熱，一面從盆底如刮取般迅速混合。混合到麵糊能和盆底分離，盆底附有一層薄膜後離火。

4
將3放入攪拌缸中，攪拌機安裝上槳狀拌打器以低速攪拌，讓麵糊長時間接觸盆邊，直到溫度降至50～60℃的微溫。

5
保留1個份的蛋（調整用），分數次加入4中。加入蛋時最初麵糊很黏稠，混合至蛋已融合麵糊呈乳霜狀後，再加入下一個蛋。

6
用木匙舀取麵糊，麵糊若呈三角形約3～4秒才慢慢滑落時即完成。若落下的速度很慢，用保留的蛋調整硬度。因麵糊已調整好狀態，所以做好後立即能擠製烘烤。

Blanc
白雪

分量　48個份

泡芙麵糊 pâte à choux（→P.22）—— 約400g

塗抹用蛋（全蛋）dorure（œuf entier）—— 適量Q.S.

卡士達醬 crème pâtissière（→P.196）—— 500g

櫻桃白蘭地 kirsch —— 75g

翻糖 fondant（→P.202）—— 300g

波美度30°的糖漿 sirop à 30°B（→P.202）—— 適量Q.S.

巧克力翻糖 fondant au chocolat（→P.27）—— 適量Q.S.

a

b

c

d

e

f

① 製作泡芙麵糊，在已塗油的烤盤上，用9號圓形擠花嘴擠製直徑2.5cm的圓形48個（圖a）。每個約8g。

② 用毛刷塗上塗抹用蛋，再用叉子壓出格紋（→P.25・圖b），用190℃烘烤40分鐘，放涼備用。

＊以塗抹用蛋加深烤色，用叉子壓出格紋，之後裹覆的翻糖較易附著。

③ 在②的底部，用花嘴前端戳孔（圖b）。

④ 將卡士達醬放入鋼盆中大略混合使其回軟（→P.196），一面嚐味，一面將櫻桃白蘭地分2～3次加入混合（圖c）。

⑤ 從③的底部的孔，用6號圓形擠花嘴擠入④的卡士達醬（圖d）。

⑥ 將揉軟至變形程度的翻糖放入鍋中，加入波美度30°的糖漿，不時加熱讓溫度保持在30℃以下，邊攪拌邊加熱，讓翻糖回軟至落下時呈細絲帶狀的濃稠度。

＊回軟的翻糖可直接讓它變硬。雖然周圍會有一部分糖化，不過加少量水，加熱接近30℃後混合即可使用。

⑦ 手拿⑤的下部分使其上下顛倒，將想沾裹的範圍浸入⑥中，再拿起。上下甩動，甩掉多餘的翻糖（圖e），用手指抹淨翻糖的周圍（圖f）。

⑧ 製作巧克力翻糖（→P.27・④），用紙製擠花袋呈螺旋狀擠上翻糖做裝飾。

Rosé
玫瑰

分量　48個份

泡芙麵糊 pâte à choux（→P.22）—— 約400g

塗抹用蛋（全蛋）dorure（œuf entier）—— 適量Q.S.

柑曼怡橙酒風味的奶油餡 crème au Grand-Marnier

　卡士達醬
　crème pâtissière（→P.196）—— 500g
　柑曼怡橙酒 Grand-Marnier —— 60g

玫瑰翻糖 fondant rosé

　翻糖 fondant（→P.202）—— 300g
　波美度30°的糖漿
　sirop à 30°B（→P.202）—— 適量Q.S.
　紅色色素 colorant rouge —— 適量Q.S.
　＊用少量水溶解備用。

巧克力翻糖
fondant au chocolat（→P.27）—— 適量Q.S.

a

① 　和「白雪」（→P.23）的步驟①～⑤相同。但是，在步驟④加入柑曼怡橙酒取代櫻桃白蘭地混合（圖a）。

② 　在鍋裡放入揉軟至變形程度的翻糖，加入波美度30°的糖漿，不時加熱讓溫度保持在30℃以下，讓翻糖回軟至落下時呈細絲帶狀的濃稠度。一面察看顏色，一面慢慢加入少量色素混合成粉紅色。

③ 　參照「白雪」的步驟⑦，在①沾裹上②的翻糖，再製作巧克力翻糖（→P.27・④）用紙製擠花袋在中央擠上小點做裝飾。

Praline
果仁糖

分量　48個份

泡芙麵糊 pâte à choux（→P.22）── 約400g
塗抹用蛋（全蛋）dorure（œuf entier）── 適量Q.S.
12切杏仁 amandes concassées ── 適量Q.S.
堅果餡 crème au praliné
┌ 卡士達醬 crème pâtissière（→P.196）── 500g
└ 堅果醬 praliné clair（→P.208）── 100g
糖粉 sucre glace ── 適量Q.S.

a

b

c

d

① 和「白雪」（→P.23）的步驟①同樣製作麵糊後擠成圓形。

② 用毛刷塗上塗抹用蛋，用叉子壓出格紋（圖a～b）。在烤盤後方擠上1列份能覆蓋麵糊量的12切杏仁，將烤盤往前傾讓杏仁粒沾覆麵糊整體（圖c）。去除多餘的杏仁，用190℃的烤箱烘烤42分鐘，放涼備用。

＊用叉子按壓，讓表面不至於太凹凸不平，烘烤熱度才會均勻。

③ 參照「白雪」的步驟③，在②的底部戳孔。混合卡士達醬使其回軟（→P.196），加入堅果醬混合（圖d）。

④ 從泡芙底部的孔中，用6號圓形擠花嘴擠入③的堅果餡。

⑤ 撒上糖粉即完成。

Caroline au café
咖啡卡洛琳

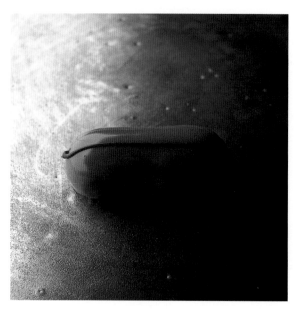

分量　45個份

泡芙麵糊 pâte à choux（→P.22）——約250g

塗抹用蛋（全蛋）dorure（œuf entier）——適量Q.S.

咖啡奶油餡 crème au café

> 卡士達醬
> crème pâtissière（→P.196）——300g
> 咖啡液 café liquide——42g
> 濃咖啡液。咖啡粉café moulu（→P.17）和熱水eau chaude，
> 以1：2的比例混合，再放涼。
> 卡魯哇咖啡酒（咖啡利口酒）KAHLÚA——4g

咖啡翻糖 fondant au café

> 翻糖 fondant（→P.202）——400g
> 波美度30°的糖漿
> sirop à 30°B（→P.202）——適量Q.S.
> 咖啡濃縮萃取液 trablit——適量Q.S.

巧克力翻糖

fondant au chocolat（→P.27）——適量Q.S.

a

b

c

d

e

f

① 製作泡芙麵糊，在已塗油的烤盤上，用9號圓形擠花嘴擠成長7cm共45個（圖a）。每個約5g。

② 用毛刷塗上塗抹用蛋，以叉子前端縱向刮條紋1次（圖b），用190℃的烤箱烘烤32分鐘。放涼備用。

③ 在②的背面的2個地方鑽孔，方便用擠花嘴等擠入奶油餡。

④ 在鋼盆中放入卡士達醬，將其大略混合回軟（→P.196），一面嚐味、觀色，一面分2～3次加入咖啡液和卡魯哇咖啡酒混合（圖c）。

⑤ 壓住③的底部的1處孔，用6號圓形擠花嘴從其他的孔中擠入④的卡士達醬（圖d）。另一側的孔中也同樣擠入，再抹除多餘的卡士達醬。

⑥ 在鍋裡放入揉軟至變形程度的翻糖，加入波美度30°的糖漿，不時加熱讓溫度保持在30℃以下，讓翻糖回軟至落下時呈絲帶狀的濃稠度。一面察看顏色，一面慢慢加入少量咖啡濃縮萃取液混成咖啡色（圖e～f）。

⑦ 將⑤的正面朝下拿著，浸入⑥中再拿起。正面恢復朝上，上下晃動去除多餘的翻糖，用手指將滴流的翻糖抹乾淨，排放在網架上。

⑧ 製作巧克力翻糖（→P.27・④），用紙製擠花袋在⑦的中央畫線。

Caroline au chocolat
巧克力卡洛琳

分量 45個份

泡芙麵糊 pâte à choux（→P.22）—— 約250g
塗抹用蛋（全蛋）dorure（œuf entier）—— 適量Q.S.
巧克力奶油餡 crème au chocolat
「卡士達醬 crème pâtissière（→P.196）—— 300g
黑巧克力（可可成分53％）
chocolat noir 53% de cacao —— 72g
可可膏 pâte de cacao —— 10g
＊和黑巧克力混合切碎，以40℃融化備用。
可可香甜酒 crème de cacao —— 10g
└＊巧克力利口酒。

巧克力翻糖 fondant au chocolat
「翻糖 fondant（→P.202）—— 400g
波美度30°的糖漿 sirop à 30°B（→P.202）—— 適量Q.S.
可可膏 pâte de cacao —— 54g
＊切碎，以40℃融化備用。
紅色色素 colorant rouge —— 適量Q.S.
└＊用少量水溶解備用。

咖啡翻糖 fondant au café（→P.26）—— 適量Q.S.

a

b

c

d

① 和「咖啡卡洛琳」（→P.26）的步驟①～③同樣地擠製、烘烤麵糊，涼了之後，在2處鑽孔。
② 將卡士達醬放入鋼盆中略混合回軟（→P.196），一面嚐味、觀色，一面分2～3次加入融化備用的巧克力和可可膏混合。最後加入可可香甜酒混合，以增加香味（圖a）。
＊加入可可膏以補充巧克力的顏色和香味。
③ 依照「咖啡卡洛琳」的步驟⑤，在泡芙中擠入巧克力奶油餡，再抹除多餘的奶油餡。
④ 在鍋裡放入揉軟的翻糖，加入波美度30°的糖漿，不時加熱讓溫度保持在30℃以下，讓翻糖回軟至落下時呈絲帶狀的濃稠度。一面察看融化的可可膏的顏色，一面加入混合，最後加紅色色素使其呈現可口的巧克力色（圖b～c）。
⑤ 將③的正面朝下拿著，浸入④中再拿起。正面恢復朝上，上下晃動去除多餘的翻糖（圖d），用手指將滴流的翻糖抹乾淨，排放在網架上。
⑥ 製作咖啡翻糖（→P.26・⑥），用紙製擠花袋在⑤的中央畫線。

Salammbô
薩朗波

分量　48個份
泡芙麵糊 pâte à choux（→P.22）—— 約350g
塗抹用蛋（全蛋）dorure（œuf entier）—— 適量Q.S.
蘭姆酒風味奶油餡 crème au rhum
[卡士達醬
  crème pâtissière（→P.196）—— 500g
  蘭姆酒 rhum —— 75g
焦糖 caramel
[白砂糖 sucre semoule —— 200g
  水 eau —— 40g
  水飴g lucose —— 少量Q.S.

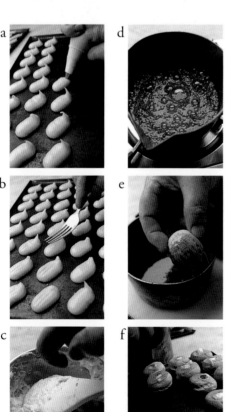

① 製作泡芙麵糊，在已塗油的烤盤上，用9號圓形擠花嘴長徑6cm、短徑2.2cm的橢圓形48個（圖a）。每個約7g。

② 用毛刷塗上塗抹用蛋，以叉子前端縱向刮出條紋1次（圖b），用190℃的烤箱烘烤40分鐘。放涼備用。

③ 參照「白雪」（→P.23）的步驟③，在②的底部戳孔。

④ 在鋼盆中放入卡士達醬，將其大略混合回軟（→P.196），一面嚐味，一面分2～3次加入蘭姆酒混合（圖c）。

⑤ 用6號圓形擠花嘴，從③的底部孔中擠入些許④的奶油餡，背面朝上放置。

＊為了之後沾裹焦糖時，奶油餡不因飴糖熱力而膨張溢出，奶油餡要擠少一點。

⑥ 製作焦糖。在鍋裡放入所有材料，用大火加熱，煮至呈淺褐茶色後（圖d）離火，利用餘溫增色。

＊若煮至恰好的顏色，餘溫會使焦糖色澤變得更深濃，所以顏色尚淺時就要離火。

⑦ 待⑥的顏色變成適當的深度後，手持⑤，在泡芙上面只沾取一點焦糖，沾焦糖部分朝下排放在烤盤上（圖e～f）。沾焦糖面朝下放置，讓焦糖部分變平。焦糖凝固後再上下翻面放置。

［新鮮類 一口甜點］泡芙麵糊

專題1

一口甜點的味道濃度

　　一口甜點因體積小，是講求一口傳味的精緻甜點。

　　例如卡洛琳。相較於只在上部沾裹翻糖的法式小蛋糕（Petits gâteaux）「閃電泡芙」，堪稱迷你版閃電泡芙的「卡洛琳」（→P.26、27），則是整體都裹覆翻糖。它的味道不但甜，吃起來感覺也很濃郁。但是，因為它很小，所以味道較濃郁。一口甜點若無法呈現一口就令人驚豔的味道，會讓人不知在吃什麼而印象模糊。

　　相對地，法式小蛋糕和一口甜點的味道若呈現相同濃郁度的話，又會如何呢。以「果仁糖」（→P.25）為例，裡面擠入加了果仁的卡士達醬，但是，法式小蛋糕若同樣使用這個奶油餡的話，味道就太厚重了。

　　製作一口甜點，須留意如何讓人一口就對味道留下深刻印象。

Pâte sucrée aux amandes
杏仁甜塔皮

和泡芙一樣，這類杏仁甜塔皮製作的甜點，
與法式小蛋糕使用相同的麵糊和奶油餡。
烘烤的狀態也相同。這裡介紹的所有甜點
全都能作為法式小蛋糕。
也能做出各式各樣的變化。
巴黎的「馥香（Fauchon）」名店曾將檸檬塔和椰子塔，
製成法式小蛋糕販售，
不過味道厚重得令人難以下嚥。
因此我自己的店裡不製成大蛋糕。
依然製成這類一口甜點較佳。
總的來說，一口甜點的味道適合甜又濃郁。

Pâte sucrée aux amandes
杏仁甜塔皮

分量　成品約1880g
無鹽奶油 beurre —— 500g
鹽 sel —— 3.7g
糖粉 sucre glace —— 75g

全蛋 œufs entiers —— 100g
蛋黃 jaune d'œuf —— 40g
＊全蛋和蛋黃混合備用。

杏仁糖粉 T.P.T.（→P.203）—— 450g
低筋麵粉 farine faible —— 750g

1
奶油混拌成較稀的乳脂狀
（圖）。依序加入鹽、糖
粉，每次加入都要繞圈混拌
變細滑為止。
＊鹽具有使麵團變緊實的作
用。若不加鹽，烘烤時塔皮
會軟塌。

2
混拌成泛白的乳霜狀後，分
3～4次加入蛋同樣地混合。
混合到能殘留打蛋器痕跡般
的黏稠乳霜狀。

3
加入杏仁糖粉後繞圈混拌。
粗略混合後，加入五分之一
量的低筋麵粉攪拌混合。
＊杏仁糖粉較難混合，烘烤
時為避免塔皮龜裂，加少量
低筋麵粉增加黏結力。

4
整體混勻後，加入剩餘的低
筋麵粉，改用扁匙如切割般
充分混合。
＊不可用打蛋器混合。

5
用沾了麵粉（分量外）的手
將麵團壓平，確認表面沒有
奶油、粉粒或蛋塊。
＊這是基本的確認作業。若
有塊狀物，還需要再混合。

6
取至工作台上，揉成團，用
塑膠袋包好放入冷藏庫鬆弛
1小時以上。

Fonçage
鋪塔皮〔鋪入〕

1

將撒上防沾粉的麵團擀成
1.5mm厚，戳洞。
＊使用擀麵機時，需變換方向
擀開。P.142～145需擀成各種
厚度，再視需要戳洞。

2

使用比模型大一圈的切模切
取。但是「椰子塔」和「檸檬
塔」（→P.38、39），用和烘
烤時的模型同直徑（4cm）的
軟木塞狀（側面呈條紋狀）的
切模切取，在步驟4不切除邊
緣的麵團。

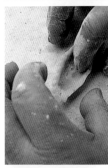

3

在模型中放入2，一面轉動模
型，一面用已沾粉的手指輕輕
朝底部和邊角按壓麵團。可以
稍微壓薄一點。

4

用抹刀等工具切除突出於上面
的麵團。

Barquette aux marrons
栗子船形塔

分量　長徑6.5cm的船形模19個份

杏仁甜塔皮 pâte sucrée aux amandes（→P.32）—— 約170g

杏仁奶油餡 crème d'amandes（→P.198）—— 120g

＊杏仁奶油餡通常奶油會混成較稀的乳脂狀，
但這裡因為要以翻糖做裝飾會烤硬一些，
所以奶油攪打成硬一點的乳脂狀。

栗子奶油餡 crème de marron

> 栗子醬 pâte de marrons —— 100g
>
> 無鹽奶油 beurre —— 40g
>
> 鮮奶 lait —— 10g
>
> 蘭姆酒 rhum —— 5g
>
> 義式蛋白霜 meringue italienne（→P.197）—— 15g

蘭姆酒 rhum —— 適量Q.S.

咖啡翻糖 fondant au café（→P.26）—— 適量Q.S.

巧克力翻糖 fondant au chocolat（→P.27）—— 適量Q.S.

無鹽奶油 beurre —— 適量Q.S.

a

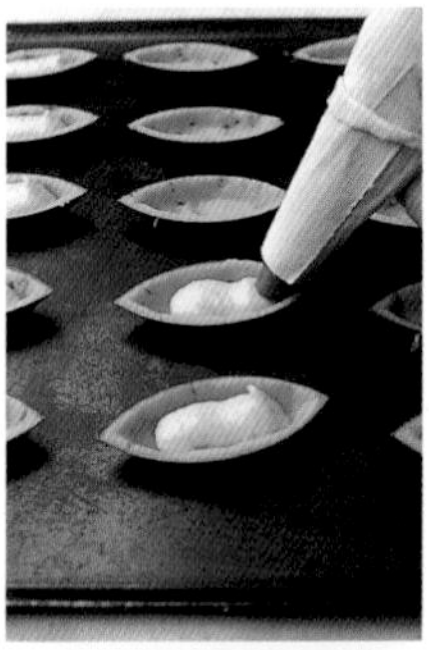

b

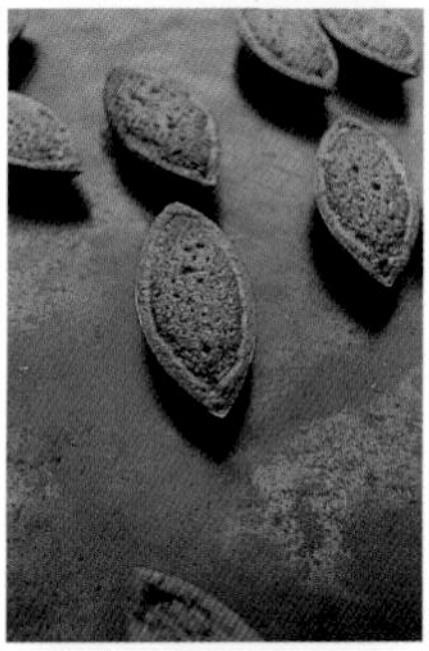

c

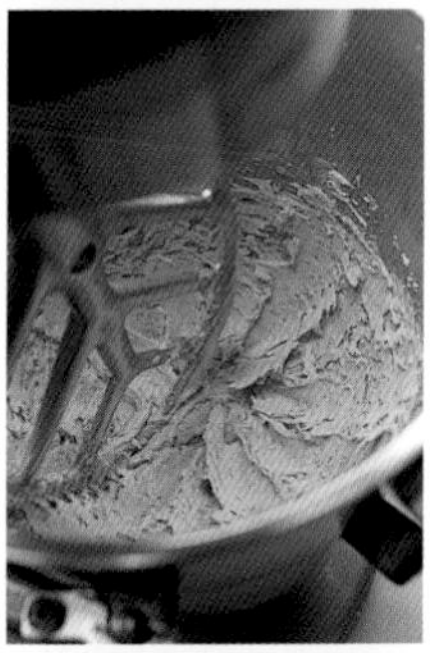

d

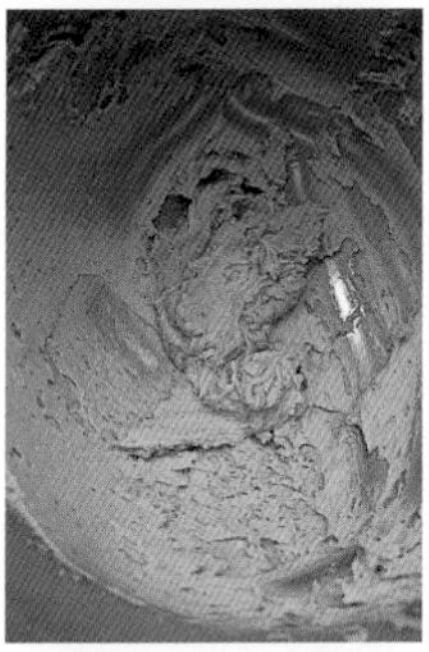

e

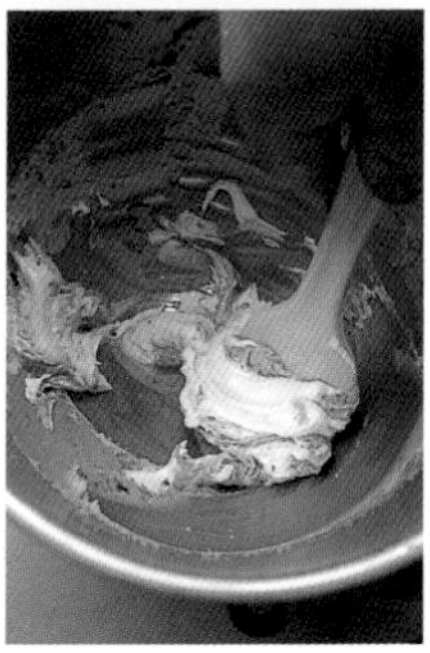

f

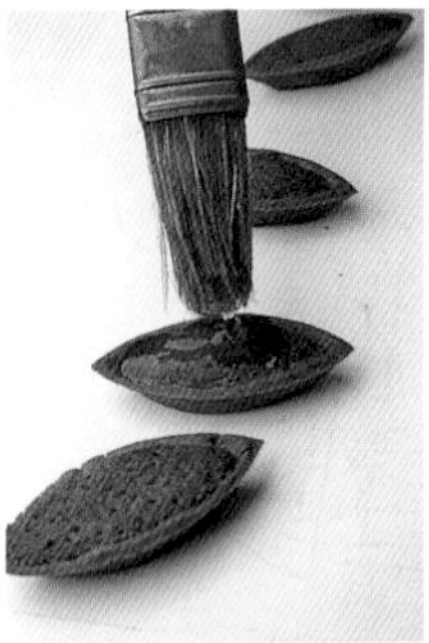

g

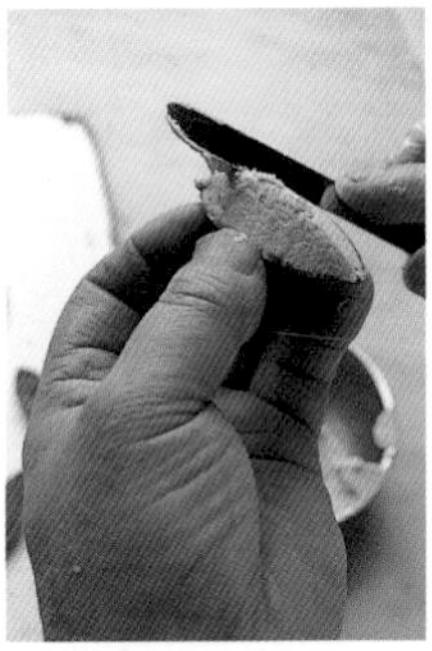

h

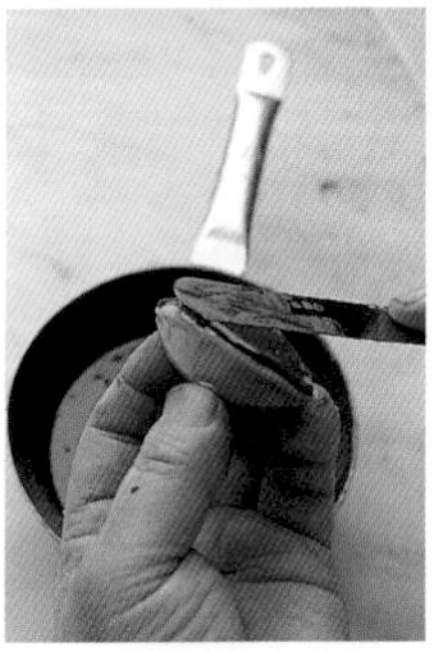

i

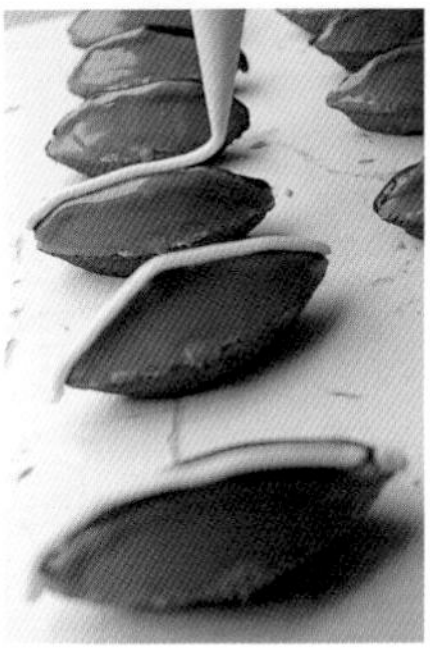

① 擀平麵團，戳洞，使用比模型大一圈的大切模切取。

② 將塔皮鋪入船形模中，切除邊端多餘的塔皮（以上→P.33「鋪塔皮」）。

③ 用7號的圓形擠花嘴，每個約擠入6g杏仁奶油餡（圖a），以180～190℃的烤箱烘烤18～19分鐘。烤好後脫模（圖b）放涼備用。

④ 製作栗子奶油餡。用安裝攪拌棒的攪拌機，以低速開始攪拌栗子醬和奶油，立即加入鮮奶和蘭姆酒混合（圖c）。加入材料後改採高速攪拌。途中暫停一下，一面刮取黏在鋼盆邊的奶油餡，一面攪拌到成為乳霜狀（圖d）。

⑤ 從攪拌機上取下，加入義式蛋白霜（圖e），用橡皮刮刀如切割般混拌。顏色大致混勻即可。

⑥ 將③的塔皮排好，用毛刷只在杏仁奶油餡的部分，每個都刷上蘭姆酒10g（圖f）。

⑦ 用抹刀刮取⑤的栗子奶油餡，放到⑥上修整成山形（圖g）。

⑧ 參照P.26、P.27製作咖啡翻糖和巧克力翻糖。在塑成山形的栗子奶油餡的單側，用抹刀抹上咖啡翻糖，另一側抹上巧克力翻糖（圖h）。

⑨ 奶油攪打成稍硬的乳脂狀，裝入紙製擠花袋中，在中央擠製1條「中央線」（圖i）。

Barquette aux fruits
水果船形塔

分量　長徑6.5cm的船形模20個份

杏仁甜塔皮

pâte sucrée aux amandes（→P.32）—— 約180g

塗抹用蛋（全蛋）dorure（œuf entier）—— 適量Q.S.

卡士達醬 crème pâtissière（→P.196）—— 70g

季節水果 fruits de saison —— 適量Q.S.

＊使用草莓、小奇異果、金橘、黑無花果、蘋果、酸漿。
其他也可用麝香葡萄、藍莓等。

山蘿蔔 cerfeuil —— 適量Q.S.

透明果凍膠 nappage neutre（→P.199）—— 適量Q.S.

＊果凍膠已用薄荷和馬鞭草增加香味。

a

b

c

d

① 擀平麵團，戳洞，使用比模型大一圈的大切模切取。

② 將塔皮鋪入模型中，切除邊端多餘的塔皮（以上→P.33「鋪塔皮」）。

③ 放入180～190℃的烤箱中約烤10分鐘，邊緣上色後取出，在上面塗上塗抹用蛋（圖a），再烘烤5分鐘，合計約烤15分鐘，脫模後放涼備用。

④ 將卡士達醬充分混合回軟直到泛出光澤（→P.196），用8號圓形擠花嘴每個約擠6g（圖b）。

⑤ 草莓縱切4等份，小奇異果縱切一半，金橘和黑無花果縱切8等份，蘋果剔除種子和果核後切片。

⑥ 在④中放上⑤的水果和酸漿，增添裝飾色彩（圖c）。

⑦ 用毛刷沾取果凍膠塗抹到⑥上（圖d），再裝飾上山蘿蔔。

Barquette aux fruits rouges
紅漿果船形塔

分量　長徑6.5cm的船形模19個份

杏仁甜塔皮
pâte sucrée aux amandes（→P.32）—— 約170g
塗抹用蛋（全蛋）dorure（œuf entier）—— 適量Q.S.
起司奶油餡 crème au fromage
- 奶油起司 fromage blanc ramolli —— 50g
- 酸奶油 crème aigre —— 25g
- 蛋黃霜 pâte à bombe（→P.197）—— 10g
- 櫻桃白蘭地 kirsch —— 5g
- 鮮奶油（乳脂肪成份45%）
  crème fraîche 45% MG —— 20g

醋栗凍 gelée de groseilles（→P.200）—— 適量Q.S.
水果各種 fruits variés —— 適量Q.S.

＊藍莓、醋栗、覆盆子、黑莓、草莓等。

a

c

b

d

① 參照「水果船形塔」（→P.36）的步驟①～③，將麵團鋪入船形模中乾烤，放涼備用。

② 製作起司奶油餡。在鋼盆中放入奶油起司和酸奶油，用橡皮刮刀混合（圖a）。加蛋黃霜混合，再加櫻桃白蘭地混合。最後加鮮奶油混合。

③ 在①的塔皮上，用紙製擠花袋來回擠2條醋栗凍（圖b）。

④ 用8號圓形擠花嘴，每個各擠5～6g的②（圖c）。

⑤ 草莓縱切4等份，黑莓縱切一半。在④上放入水果（圖d），裝進紙製擠花袋的醋栗凍從高處一面搖晃，一面擠淋在水果上作為裝飾。

Tartelette coco noché
椰子塔

分量　直徑4cm的水果塔模型30個份
杏仁甜塔皮
pâte sucrée aux amandes（→P.32）—— 約80g
塗抹用蛋（全蛋）dorure（œuf entier）—— 適量Q.S.
椰子奶油餡 crème coco noché
［卡士達醬 crème pâtissière（→P.196）—— 200g
　椰絲 coco fil —— 20g
└ 椰子利口酒 coco liqueur —— 10g
義式蛋白霜
meringue italienne（→P.197）—— 約100g
椰絲 coco fil —— 適量Q.S.

a

d

b

e

c

① 參照「水果船形塔」（→P.36）的步驟①～③，在水果塔模型中同樣鋪入塔皮後乾烤，放涼備用（圖a～b）。但是，這裡是使用和模型同直徑的軟木塞狀（側面呈條紋狀）切模切取，塔皮鋪入後不切除邊緣的麵團。
② 在鋼盆中放入卡士達醬，將其略混合回軟（→P.196），加椰絲混合（圖c）。再加椰子利口酒混合。
③ 用12號圓形擠花嘴，一面在①的塔皮底部按壓邊緣，一面擠入②（圖d）。
④ 製作義式蛋白霜，在③中用10切・10號星形擠花嘴擠製菊花形，每個約擠3g。
⑤ 每個都撒上1小撮的椰絲，用瓦斯槍燒出烤色作為裝飾（圖e）。

Tartelette au citron
檸檬塔

分量　直徑4cm的水果塔模型30個份

杏仁甜塔皮

pâte sucrée aux amandes（→P.32）—— 約80g

塗抹用蛋（全蛋）dorure（œuf entier）—— 適量Q.S.

餡料 appareil

　┌ 全蛋 œuf entier —— 1個

　│ 檸檬汁和磨碎的表皮
　│ jus de citron et zeste de citron râpé —— 1個份

　│ 白砂糖 sucre semoule —— 83g

　└ 無鹽奶油 beurre —— 42g

檸檬片 rondelles de citrons —— 30片

a

b

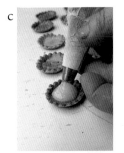
c

d

① 參照「椰子塔」（→P.38）的步驟①，在水果塔模型中同樣鋪入塔皮後乾烤，放涼備用。

② 在單柄鍋中放入所有餡料的材料，開大火加熱（圖a）。用打蛋器一面混合，一面加熱，待充分煮沸騰泛出光澤（圖b）後離火。倒入鋼盆中放涼。

③ 用直徑3cm的切模切取檸檬片（或用圓形模按壓，再用小刀切取）。

④ 用8號圓形擠花嘴在①中擠入②（圖c）。在其中央放上③（圖d）。

Four à la caisse
方塊小蛋糕

這類蛋糕之所以稱為Four à la caisse，
是用有緣的厚方形烤盤，也就是用盒狀模型烘烤。
烤好的蛋糕質地柔軟，用圓形模切割也切不漂亮，
所以大多製成正方形或長方形的糕點。
麵糊的底料是杏仁，蛋糕味道的特色是
杏仁和奶油的風味濃郁，讓人感到濃厚有味。
蛋糕中所夾的幾乎都是奶油餡，
或者可以說只夾奶油餡。
因為在一口甜點中，這個麵糊算是「濃郁配方」。
例如，即使搭配鮮奶油打發的香堤鮮奶油，
蛋糕的風味明顯比奶油餡濃郁。
奶油餡中雖然會混入各式各樣的餡料增加味道的變化，
不過蛋糕本身卻不調味。
此外，方塊小蛋糕一般是沾裹翻糖，
若不沾裹的話蛋糕會變乾。

Pâte à four à la caisse
方塊小蛋糕的蛋糕體

分量　30×40×高5.3cm烤盤3片份
生杏仁膏 pâte d'amandes crue
（→P.204）—— 900g
全蛋 œufs entiers —— 4.5個

蛋黃 jaunes d'œufs —— 4.5個
＊全蛋和蛋黃混合備用。
融化奶油 beurre fondu tiède —— 338g
＊放涼至人體體溫程度再使用。
玉米粉 amidon de maïs —— 94g

蛋白霜 meringue française
　蛋白 blancs d'œufs —— 135g
＊使用置於常溫中3天～1週時間的蛋。
　白砂糖 sucre semoule —— 26g

1
在攪拌缸中放入生杏仁膏、全蛋和三分之一量的蛋黃。一面隔水加熱至40℃，一面用安裝槳狀拌打器的攪拌機以中速攪拌。
＊因蛋量少，加熱後較易打發。溫度過高的話會出油，這點需留意。

5
加玉米粉，如從底部向上舀取般混合。
＊若玉米粉比融化奶油先放，玉米粉的澱粉會吸收水分，蛋糕烘烤後會變硬，所以要之後再加入。

2
攪打成黏稠的糊狀後，加入剩餘蛋的半量，混勻後，同樣加入最後的蛋。蛋全部混勻約需15分鐘。花時間充分打發至泛白為止。

6
粗略混和後，一面加入3的蛋白霜，一面如從底部向上舀取般混合。若混合變細滑，無殘留顆粒即可。均勻地倒入鋪了烤焙紙的烤盤（30×40cm）上。

3
配合2的成品，用攪拌機以高速打發蛋白。待表面覆蓋粗泡沫後，加入半量白砂糖，攪打到厚重泛出光澤後，加入剩餘的白砂糖，充分打發成鬆散的狀態。

7
用160℃的烤箱烘烤將近70分鐘，烤到蛋糕和烤盤間出現空隙，表面形成糖分薄膜，烤至焦脆為止。烤好後高約4cm。放涼至微溫，放入冷藏庫1天使其變紮實。
＊為方便成形，放入冷藏使其變紮實。

4
將2從攪拌機上取下，加入放涼至人體體溫程度的融化奶油，如從底部向上舀取般大幅度地混合。
＊用手混合，透過觸感以了解硬度。

8 將7切成4等份。在兩端放上測量桿，分別切成厚10mm共3片。除去表面的烤色備用。4等份的蛋糕體成形後，分別用於自P.44起的甜點。

Tremper dans le fondant
翻糖的裹覆法

下頁的甜點成形後，再裝飾上翻糖。
翻糖的作法→P.202。

1
在鍋裡放入揉軟至變形程度的
翻糖，加入波美度30°的糖
漿，不時加熱讓溫度保持在
30℃以下（→P.202「翻糖的
回軟法」），回軟至翻糖舀取
落下後，落下處稍微下沉程度
的稀軟度。

2
要增加顏色和風味時，這裡是
一面察看顏色，一面慢慢加入
少量色素混合。用小刀刺入蛋
糕的底部，從頂側浸入翻糖
中，保留底部不裹翻糖。

3
從翻糖中取出，拿著甜點底
部，抽出刀子，將裹覆翻糖的
面朝上放在網架上。
＊翻糖向下滴流無妨。

Cerise
櫻桃

分量　28個份
方塊小蛋糕的蛋糕體
pâte à four à la caisse（→P.42）—— 1/4量（3片組）
奶油餡 crème au beurre —— 以下取用100g

> 無鹽奶油 beurre —— 100g
> 蛋黃霜 pâte à bombe（→P.197）—— 33g
> 浸漬櫻桃白蘭地的櫻桃
> cerises marinées au kirsch —— 33g
> ＊櫻桃從中央切開一圈，扭轉後剔除種子，浸泡在適量的
> 櫻桃白蘭地中3個月備用。瀝除醃漬液後使用。
> 櫻桃白蘭地 kirsch —— 10g
> 義式蛋白霜
> meringue italienne（→P.197）—— 33g

翻糖 fondant（→P.202）—— 適量Q.S.
波美度30°的糖漿 sirop à 30°B（→P.202）—— 適量Q.S.
巧克力翻糖 fondant au chocolat（→P.27）—— 適量Q.S.
糖漬紫羅蘭花 violettes confites（市售品）—— 28個

［新鮮類 一口甜點］ 方塊小蛋糕

a
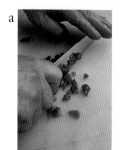

b

c

d

e

① 奶油餡用的櫻桃大致切碎備用（圖a）。

② 製作以蛋黃霜為底的奶油餡。將奶油攪打成乳脂狀，加入蛋黃霜大略混合（圖b），加入①混合。加櫻桃白蘭地混合，最後加入義式蛋白霜輕柔地混合（圖c）。約使用此材料100g。

③ 放置1片已切片的蛋糕，上面塗抹②的奶油餡約40g（圖d）。疊上另一片蛋糕，以相同的要領抹上奶油餡。再疊上最後一片蛋糕，上面和側面都薄塗奶油餡，放入冷藏庫使其冷凝。

＊最後薄塗上奶油餡，是為了平滑地裹覆翻糖。以下至P.47均同。

④ 切除邊端，切成2.5×3.5cm的大小，共切28塊（圖e）。

⑤ 參照「翻糖裹覆法」（→P.43），讓翻糖回軟，裹覆在④上。

⑥ 製作巧克力翻糖（→P.27・④），用紙製擠花袋擠上花樣。加上糖漬紫羅蘭花做裝飾。

Pistache
開心果

分量　28個份

方塊小蛋糕的蛋糕體
pâte à four à la caisse（→P.42）—— 1/4量（3片組）

奶油餡 crème au beurre —— 以下取用120g

　無鹽奶油 beurre —— 100g
　蛋黃霜 pâte à bombe（→P.197）—— 33g
　開心果果醬 pâte de pistache —— 20g
　＊使用烤過的開心果製作的堅果醬。
　摩拉根（利口酒）Moringué —— 10g
　＊法屬留尼旺島（舊波旁島）威貝魯（音譯）公司製的
　開心果和堅果仁風味的利口酒。酒精度數是17%。
　義式蛋白霜
　meringue italienne（→P.197）—— 33g

綠色翻糖 fondant vert

　翻糖 fondant（→P.202）—— 適量Q.S.
　波美度30°的糖漿 sirop à 30°B（→P.202）—— 適量Q.S.
　綠色色素 colorant vert —— 適量Q.S.
　＊用少量水溶解備用。

巧克力翻糖
fondant au chocolat（→P.27）—— 適量Q.S.
開心果切半 pistaches coupées —— 56片

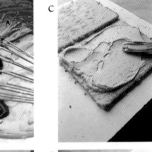
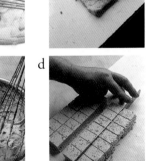

① 製作以蛋黃霜為底的奶油餡。將奶油攪打成乳脂狀，加入蛋黃霜大略混合，加入開心果果醬（圖a）混合。加入摩拉根利口酒混合（圖b），最後加入義式蛋白霜輕柔地混合。

② 放置1片已切片的蛋糕，上面塗抹①的奶油餡約50g（圖c）。疊上另一片蛋糕，以相同的要領抹上奶油餡。再疊上最後一片蛋糕，上面和側面都薄塗奶油餡，放入冷藏庫使其冷凝。

③ 切除邊端，切成2.5×3.5cm的大小，共切28塊（圖d）。

④ 參照「翻糖裹覆法」（→P.43），讓翻糖回軟，加綠色色素染色後，裹覆在③上。

⑤ 製作巧克力翻糖（→P.27・④），用紙製擠花袋擠上花樣。插上2片切半的開心果。

Ananas
鳳梨

分量　28個份

方塊小蛋糕的蛋糕體

pâte à four à la caisse（→P.42）—— 1/4量（3片組）

奶油餡 crème au beurre —— 以下取用125g

> 無鹽奶油 beurre —— 100g
> 蛋黃霜 pâte à bombe（→P.197）—— 33g
> 糖漬鳳梨圓片
> rondelle d'ananas confite（→P.297）—— 33g
> 蘭姆酒 rhum —— 15g
> 義式蛋白霜
> meringue italienne（→P.197）—— 33g

黃色翻糖 fondant jaune

> 翻糖 fondant（→P.202）—— 適量Q.S.
> 波美度30°的糖漿 sirop à 30°B（→P.202）—— 適量Q.S.
> 黃色色素 colorant jaune —— 適量Q.S.
> ＊用少量水溶解備用。

巧克力翻糖
fondant au chocolat（→P.27）—— 適量Q.S.

糖漬鳳梨圓片
rondelle d'ananas confite coupée —— 適量Q.S.
＊抹上適量的蘭姆酒，切成厚2～3mm的片狀，
再切成約2×0.5cm大小備用。

a

b
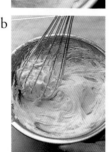

c

d

① 製作以蛋黃霜為底的奶油餡。糖漬鳳梨切碎備用。將奶油攪打成乳脂狀，加入蛋黃霜大略混合，加入糖漬鳳梨（圖a）混合。加入蘭姆酒混合（圖b），最後加入義式蛋白霜輕柔地混合。

② 放置1片已切片的蛋糕，上面塗抹①的奶油餡約50g。疊上另一片蛋糕，以相同的要領抹上奶油餡。再疊上最後一片蛋糕，上面和側面都薄塗奶油餡（圖c），放入冷藏庫使其冷凝。

③ 切除邊端，切成2.5×3.5cm的大小，共切28塊（圖d）。

④ 參照「翻糖裹覆法」（→P.43），讓翻糖回軟，加黃色色素染成淡黃色，裹覆在③上。

⑤ 製作巧克力翻糖（→P.27），用紙製擠花袋擠上花樣。放上切小塊的糖漬鳳梨做裝飾。

Orange
柳橙

分量　28個份
方塊小蛋糕的蛋糕體
pâte à four à la caisse（→P.42）── 1/4量（3片組）
奶油餡 crème au beurre ── 以下取用125g
┌ 無鹽奶油 beurre ── 100g
│ 蛋黃霜 pâte à bombe（→P.197）── 33g
│ 糖漬橙皮
│ écorce d'orange confite（→P.295）── 33g
│ 君度橙酒 Cointreau ── 10g
│ ＊柳橙風味的白蘭地酒。
│ 義式蛋白霜
└ meringue italienne（→P.197）── 33g
橙色翻糖 fondant orange
┌ 翻糖 fondant（→P.202）── 適量Q.S.
│ 波美度30°的糖漿 sirop à 30°B（→P.202）── 適量Q.S.
│ 紅色和黃色色素 colorant rouge et jaune ── 適量Q.S.
└ ＊分別用少量水溶解備用。

巧克力翻糖
fondant au chocolat（→P.27）── 適量Q.S.

糖漬橙皮
écorce d'orange confite coupée ── 適量Q.S.
＊抹上適量的君度橙酒，約切成2cm長的菱形備用。

a

c

b

d

① 製作以蛋黃霜為底的奶油餡。糖漬橙皮切碎備用。將奶油攪打成乳脂狀，加入蛋黃霜大略混合，加入糖漬橙皮（圖a）混合。加君度橙酒混合（圖b），最後加入義式蛋白霜輕柔地混合。
② 放置1片已切片的蛋糕，上面塗抹①的奶油餡約50g。疊上另一片蛋糕，以相同的要領抹上奶油餡。再疊上最後一片蛋糕，上面和側面都薄塗奶油餡（圖c），放入冷藏庫使其冷凝。
③ 切除邊端，切成2.5×3.5cm的大小，共切28塊（圖d）。
④ 參照「翻糖裹覆法」（→P.43），讓翻糖回軟，用紅色和黃色色素染成橙色，裹覆在③上。
⑤ 製作巧克力翻糖（→P.27・④），用紙製擠花袋擠上花樣。裝飾上菱形的糖漬橙皮。

Coquet en chocolat
巧克力盒

這是利用巧克力甜心糖的模型製作的一口甜點之一。

提到新鮮類一口甜點（Petit four glacé），

不製作10種以上無法呈現其趣味性。

這時以巧克力為基底，能表現2～3種的變化，

除了用杏仁醬作為餡料（鑲填物）外，

我也會填入甘那許或奶油餡等。

這裡為了避免手工杏仁糖（→P.205）太甜，

混合了減少糖度的「減糖果醬」再鑲填，

還靜置一天讓表面形成薄膜，

再覆蓋增添味道和顏色的翻糖。

從前，法國巧克力的品質雖差，

不過我認為那樣的巧克力適合製作一口甜點。

味道濃厚、甜膩，

那樣庸俗、懷舊的巧克力味，

我覺得才是從前非巧克力店的

法式甜點店所推出的巧克力甜點。

Coquet en chocolat
巧克力盒

巧克力盒的分量

黑巧克力（可可成分55%）chocolat noir 55% de cacao —— 適量Q.S.

＊以45～50℃融化備用。進行調溫最少需要1kg。
＊準備各種形狀的巧克力甜心糖用模型。

1
以45～50℃融化的黑巧克力，塗在大理石上，一面反覆用大抹刀等刮取集中，一面以抹刀的兩面塗抹開來，待巧克力涼至28～29℃（調溫）。裝入鋼盆中，以同溫度保溫使用。

2
模型使用前，用棉布徹底擦淨，擦除污物的同時，摩擦會增加稍許熱度。這樣巧克力較易附於模型上。用筆沾取已調溫的巧克力，薄塗在模型內側。
＊因為希望巧克力甜點有變化，所以選擇圓形、四角、橢圓等各種形狀的模型。

3
待2的巧克力凝固後，用湯杓將已調溫巧克力依序倒入模型。

4
用橡膠槌從模型的四側邊均勻輕敲約10秒，一面壓擠出空氣，一面讓巧克力填滿模型邊角。

5
將模型倒扣，倒出巧克力，再和4一樣輕敲約4次。

6
約10個份模型份反覆進行步驟2～5，最初模型的巧克力適度凝固後，用三角抹刀依序從上面刮除多餘的巧克力，將模型倒置。

7
放入冷藏庫約冰10分鐘。若模型底部泛白，是巧克力已凝固的證明。
＊空氣進入模型和巧克力之間，模型底部會看起來泛白。

8
迅速將巧克力脫模。

Abricot
杏桃

分量　20個份

黑巧克力（可可成分55%）
chocolat noir 55% de cacao —— 適量Q.S.
＊以2.2×3.5cm的長方形模型，
製作巧克力盒20個備用（→P.50）。

奶油餡 crème —— 以下取用2/3量

手工杏仁糖
masseoain confiserie（→P.205）—— 250g

減糖杏桃果醬
mi-confiture d'abricots（→P.201）—— 130g
＊mi是「一半」的意思。
果醬糖度原為65～70%brix，但是減糖果醬是糖度降低為
50～55%brix的果醬。以下同樣。

蘭姆酒 rhum —— 30g

黃色翻糖 fondant jaune（→P.46）—— 適量Q.S.

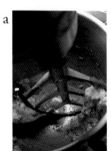
a

c

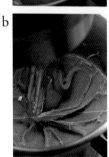
b

d

① 製作奶油餡。用安裝上槳狀拌打器的攪拌機，
以低速將手工杏仁糖攪拌成糊狀。

② 在①中加入減糖杏桃果醬，大致混合後，再加
蘭姆酒混合（圖a～b），混勻後關掉攪拌機。
＊使用減糖杏桃果醬，是為了調整甜度。

③ 用6號圓形擠花嘴在巧克力盒中，各擠入14g的
②（圖c）。直接放在18℃的室內靜置一晚，讓表
面形成薄膜。

④ 製作以黃色染色的翻糖（→P46·④），用抹刀
均勻塗在③的上面（圖d），在室溫中暫放一下使
其凝固。

Pistache
開心果

分量　20個份

黑巧克力（可可成分55%）
chocolat noir 55% de cacao —— 適量Q.S.
＊以長徑3.5cm、短徑2.2cm的橢圓形模型，
製作巧克力盒20個備用（→P.50）。

奶油餡 crème　以下取用約半量

手工杏仁糖
massepain confiserie（→P.205）—— 250g
開心果醬 pâte de pistache —— 52g
＊使用烤過的開心果製作的堅果醬。
波美度30°的糖漿 sirop à 30°B（→P.202）—— 155g
摩拉根（利口酒）Moringué —— 15g
＊法屬留尼旺島（舊波旁島）威貝魯（音譯）公司製的
開心果和堅果仁風味的利口酒。酒精度數是17%。

綠色翻糖 fondant vert（→P.45）—— 適量Q.S.

a

c

b

① 製作奶油餡。用安裝上槳狀拌打器的攪拌機，以低速將手工杏仁糖攪拌成糊狀。

② 在①中加入開心果醬、波美度30°的糖漿混合（圖a），大致混合後，加摩拉根利口酒。混勻後關掉攪拌機。

＊開心果醬中無甜味，所以用糖漿調整甜味。

③ 用6號圓形擠花嘴在巧克力盒中，各擠入10g的②（圖b）。直接放在18℃的室內靜置一晚，讓表面形成薄膜。

④ 製作以綠色染色的翻糖（→P.45・④），用抹刀均勻塗在③的上面（圖c），在室溫中暫放一下使其凝固。

Moka
摩卡

分量　20個份

黑巧克力（可可成分55％）
chocolat noir 55% de cacao —— 適量Q.S.
＊以2.2cm的正方模型，
製作巧克力盒20個備用（→P.50）。

奶油餡 crème　以下取用約半量

手工杏仁糖
massepain confiserie（→P.205）—— 250g

咖啡液 café liquide —— 50g
＊濃咖啡液。咖啡粉café moulu（→P.17）和熱水eau chaude，
以1：2的比例混合溶解，放涼。

卡魯哇咖啡酒（咖啡利口酒）KAHLÚA —— 38g

咖啡翻糖 fondant au café（→P.26）—— 適量Q.S.

① 製作奶油餡。用安裝上槳狀拌打器的攪拌機，以低速將手工杏仁糖攪拌成糊狀。

② 在①中加入咖啡液，大致混合後，再加卡魯哇咖啡酒混合（圖a），混勻後關掉攪拌機。
＊用卡魯哇咖啡酒調整甜味。

③ 用6號圓形擠花嘴在巧克力盒中，各擠入7g的②（圖b）。直接放在18℃的室內靜置一晚，讓表面形成薄膜。

④ 製作咖啡翻糖（→P.26‧⑥），用抹刀均勻塗在③的上面（圖c），在室溫中暫放一下使其凝固。

Framboise
覆盆子

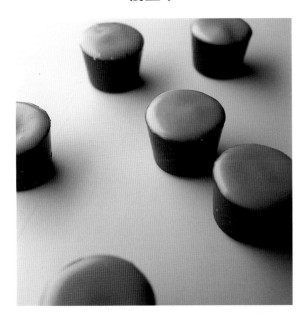

分量　20個份

黑巧克力（可可成分55％）

chocolat noir 55% de cacao —— 適量Q.S.

＊以直徑2.5cm的圓形模型，製作巧克力盒20個備用（→P.50）。

奶油餡 crème —— 以下取用約半量

┌ 手工杏仁糖

　massepain confiserie（→P.205）—— 250g

　減糖覆盆子醬

　mi-confiture de framboises（→P.201）—— 145g

　覆盆子白蘭地酒

└ eau-de-vie de framboise —— 20g

玫瑰翻糖 fondant rosé（→P.24）—— 適量Q.S.

① 製作奶油餡。用安裝上槳狀拌打器的攪拌機，以低速將手工杏仁糖攪拌成糊狀。

② 在①中加入減糖覆盆子醬混合（圖a），大致混合後，再加覆盆子白蘭地酒，混勻後關掉攪拌機。

＊使用減糖果醬是為了調整甜味。

③ 用6號圓形擠花嘴在巧克力盒中，各擠入10g的②（圖b）。直接放在18℃的室內靜置一晚，讓表面形成薄膜。

④ 製作染成粉紅色的翻糖（→P.24・②），用抹刀均勻塗在③的上面（圖c），在室溫中暫放一下使其凝固。

Nougatine
牛軋糖

以煮過的焦糖混拌杏仁粒製成的牛軋糖，

有人將它歸類為手工糖果的範疇。

不過，牛軋糖加熱後，外形可千變萬化，

能作為芳香的容器，或新鮮類一口甜點用的各式基底等，

我覺得它用途廣泛，因此將它歸在新鮮類一口甜點的範疇。

順帶一提，只要弄乾造型杏仁膏（→P.206），

再加上一口甜點用的基底變化，也可歸於手工糖果類。

有的餐廳用牛軋糖盛裝香堤鮮奶油，

不過作為甜點店的一口甜點，

在裡面填入甘那許那樣水分少的餡料，

製成基底不易受潮的手工糖果類較佳。

Nougatine
牛軋糖

分量　成品約240g

＊圓形是使用直徑3cm的蓬蓬內（pomponnette）模型，船形是使用長徑6.5cm的船形模。

12切杏仁 amandes concassées ── 約120g

白砂糖 sucre semoule ── 120g

水飴 glucose ── 24g

1
用食物調理機將杏仁稍微攪碎一些。

2
將 1 用網目2mm弱大小的網篩過篩，篩過的杏仁再重複用更細目的網篩過篩。只保留顆粒1mm弱大小的杏仁粒約100g。
＊為了剔除太細及太粗的杏仁粒，使用2種網篩過濾。

3
在鍋裡放入白砂糖和水飴，以大火加熱。糖水冒泡呈淡褐色後熄火，利用餘溫使其變焦糖色。

4

在 3 中加入 2 用木匙混合，讓焦糖與杏仁混勻即可。

7

涼至50℃後，用碾壓滾輪瞬間碾壓成1mm厚。

＊若無滾輪，也可夾在矽膠烤盤墊中，用金屬擀麵棍擀開，不可擀得太薄。

5

再次開火加熱1～2分鐘。

＊這裡若加熱不足，日後會產生泛白的糖化現象。

8

蓬蓬內模型是用直徑5cm，船形模型是用長徑8.5cm的切模切取。因牛軋糖很硬，所以要用擀麵棍等從上敲打切取。

＊若牛軋糖太硬，可夾在矽膠烤盤墊中，用100℃的烤箱加熱一下。

6

將 5 放在烤盤上，放涼至微溫後，移至矽膠烤盤墊上，揉搓使其變涼。上面另放一片矽膠烤盤墊夾住牛軋糖，用金屬擀麵棍大致擀開，約涼至50℃。

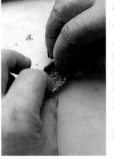

9

牛軋糖切下後，立即分別放入模型中，放入100℃的烤箱中烤軟後，按壓鋪入模型。用刀子等切除突出於模型的部分，牛軋糖變硬後，立即脫模使用。

＊將多餘的牛軋糖揉成團，同樣加熱擀平，再次利用。

Citron
檸檬

分量　直徑3cm的蓬蓬內（pomponnette）模型18個份
牛軋糖 nougatine（→P.58）── 基本分量
檸檬甘那許 ganache au citron ── 44個份

┌ 檸檬糊 pulpe de citron ── 100g
　翻糖 fondant（→P.202）── 50g
　黑巧克力（可可成分61%）
　chocolat noir 61% de cacao ── 133g
　黑巧克力（可可成分56%）
　chocolat noir 56% de cacao ── 133g
　＊2種巧克力均切碎，以40℃融化備用。
　無鹽奶油 beurre ── 70g
　＊切碎備用。
　凱瓦檸檬酒 Kéva ── 50g
　＊法國Wolfberger Distillateur公司製。
└ 以檸檬、萊姆、白蘭地釀製的亞爾薩斯產檸檬風味酒。

a

b

c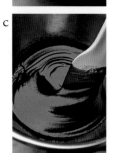

d

e

① 製作蓬蓬內模型使用的圓形牛軋糖（→P.58）。
② 在鍋裡放入檸檬糊煮沸後離火，加入翻糖混合溶解（圖a）。
＊因甜味滑順，所以使用翻糖。
③ 在鋼盆中放入融化備用的2種巧克力，加入②（圖b）。最初在中央如切碎般混合，泛出光澤後擴大混合範圍（圖c）。待整體泛出光澤乳化完成後，直接放涼備用。
④ 用加裝槳狀拌打器的攪拌機，以低速輕輕混拌已變硬的③約30秒～1分鐘，使其回軟，攪拌成膏狀後，加入切碎的奶油，以高速攪打（圖d）。攪打至泛白即可，這是讓氣泡進入的作業。
＊攪拌途中，刮取黏在攪拌缸的甘那許混入。為了不讓奶油受熱成分產生變化，或避免酒香散失，兩種材料都要待甘那許涼了後再加入。
⑤ 從攪拌機上取下，加凱瓦檸檬酒後用橡皮刮刀混合（圖e）。
＊以利口酒增加檸檬風味。
⑥ 在①的牛軋糖中，用10切・10號星形擠花嘴擠入⑤的甘那許，擠成菊花形（圖f）。每個各擠12g甘那許。

Orange
柳橙

分量　長徑6.5cm的船形模20個份
牛軋糖 nougatine（→P.58）── 基本分量
柳橙甘那許 ganache à l'orange ── 33個份

鮮奶油（乳脂肪45%）
crème fraîche 45% MG ── 100g
糖漬橙皮
écorce d'orange confite（→P.295）hachée ── 40g
＊切碎備用。

黑巧克力（可可成分61%）
chocolat noir 61% de cacao ── 120g
黑巧克力（可可成分56%）
chocolat noir 56% de cacao ── 120g
＊2種巧克力均切碎，以40℃融化備用。

無鹽奶油 beurre ── 100g
＊切碎備用。

柑曼怡橙酒 Grand-Marnier ── 60g

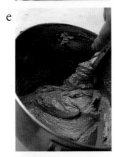

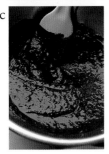

① 製作船形模使用的船形牛軋糖（→P.58）。

② 在鍋裡放入鮮奶油和切碎的糖漬橙皮，以中火加熱煮沸（圖a）。

③ 在鋼盆中放入融化備用的2種巧克力，加入②。最初如切碎般混合（圖b），泛出光澤後擴大混合範圍（圖c。看見的顆粒狀是糖漬橙皮）。待整體泛出光澤乳化完成後，直接放涼備用。

④ 用加裝槳狀拌打器的攪拌機，以低速輕輕攪拌已變硬的③約30秒～1分鐘，使其回軟，攪拌成膏狀後，加入切碎的奶油，以高速攪打（圖d）。攪打至泛白即可，這是讓氣泡進入的作業。

＊攪拌途中，刮取黏在攪拌缸的甘那許混入。

⑤ 從攪拌機上取下，加柑曼怡橙酒後用橡皮刮刀混合（圖e）。

＊以柑曼怡橙酒增加柳橙風味。

⑥ 在①的牛軋糖中，用6切・6號的星形擠花嘴擠入⑤的甘那許，在3處擠成圈狀（圖f）。每個各擠16g甘那許。

Fruits déguisés
水果杏仁糖

Déguisé這個法語，原是「掩飾、偽裝」的意思。

將水果或塑成水果造型的杏仁膏沾裹飴糖，即為水果杏仁糖。

過去我的店裡，週六或節慶等時候也會製作販售，

記得我在法國修業當時，

甜點店普遍都販售以杏仁膏細工糖藝製的杏仁糖。

在餐廳當作甜點時，竹籤串著沾裹飴糖的水果杏仁糖，

會插在烤過的大麵包等上面，

有的店家也會將水果杏仁糖當作

「Buisson」（插在基底上的油炸串燒等，外形如金字塔般盛盤的料理）推出。

雖說是杏仁糖，但是利用波美度36°和最高糖度的糖漿靜靜浸泡，

以使砂糖結晶化的技法製作（→P.260「枕頭糖」）時，

因糖衣形成薄膜，所以能長期保存，這屬於手工糖果範疇的工作。

因為手工糖果的作業是製作耐保存的糖果。

另一方面，不耐保存的甜點屬於法式甜點（Pâtisserie）的工作。

這裡介紹的水果杏仁糖，沾裹經熬煮（Grand cassé）（150℃）的飴糖。

當天不吃的話，飴糖會泛潮無法保存，所以屬於「Glacé（新鮮）」類甜點的範疇。

此外，我也使用新鮮水果作為甜點的材料，

不使用手工杏仁糖（→P.205），而使用造型杏仁膏（→P.206），

這一點也是屬於法式甜點的範疇，也可說是「glacé」類甜點的工作。

那麼說來，水果杏仁糖可歸在兩個範疇，

分別屬於法式甜點（Pâtisserie）和手工糖果（Confiserie）的工作。

沾裹飴糖──用於杏仁膏細工時
新鮮水果也是裹覆、裝飾此飴糖

分量

裹覆用糖漿 sirop pour déguiser

白砂糖 sucre semoule ── 2kg

水 eau ── 700g

水飴 glucose ── 150g

1

在鍋裡混合白砂糖和水，以大火加熱，煮沸後加水飴再加熱。

2

備妥材料（→P.66～69）插在竹籤上備用。
＊材料於前一天製作晾乾備用。

3

將1熬煮到145～150℃。舀取泡水會形成質地堅硬的大球狀（grand cassé）。圖中是壓扁的狀態。

4

鍋底泡水一下，利用餘溫減緩飴糖溫度上升。拿著竹籤將2浸泡（tremper）在飴糖中，進行裹覆。
＊製作大量時，飴糖需保溫。染色時，鍋子需離火泡水後，再加色素。

5

將4立即取出，插在堆高的砂糖堆上晾乾。

6

趁飴糖還未徹底變硬之際，用剪刀剪掉如長鬚般牽絲的多餘飴糖。

7

飴糖乾了之後，用烤盤邊緣或剪刀等壓住飴糖部分後拔掉竹籤，將水果杏仁糖排放在烤盤上。

飴糖拔絲的技法——用於栗子（→P.69）時

分量
＊製作兩端彎曲成S形的鐵籤。

裹覆用糖漿 sirop pour déguiser（→.P64）—— 適量Q. S.

紅色色素 colorant rouge —— 適量Q.S.
＊用少量水溶解備用。

可可膏 pâte de cacao —— 適量Q.S.
＊以40℃融化備用。

1
在備妥的栗子（→.P.69）底部，用鐵籤前端彎曲部分插入。
＊使用兩端摺彎的鐵籤，是為了步驟5時要吊掛，這樣栗子吊掛時才不會從鐵籤上脫落。

4
拿著鐵籤一端，將栗子放入3中浸裹，保留栗子底部不浸到飴糖。

2
在鍋裡放入適量的裹覆用糖漿，加熱至150℃。將鍋子放在濕布上，加色素染成紅色，再加融化的可可膏混合成褐色。

5
沾裹飴糖後，將4吊掛在適當的吊架上晾乾。這時栗子前端會有鬚狀的飴糖拔絲。若飴糖已變硬，沿著鐵籤的曲線轉動栗子，拔出鐵籤。注意勿弄斷飴糖前端的拔絲。

3
將2再次加熱調整濃度。若糖漿用木匙舀取會迅速滴流下來，滴落處呈下沉狀態即可。將鍋子放到濕布上。
＊用這個濃度的飴糖沾裹栗子時，飴糖前端才能適度的拔絲。

065 ［新鮮類 一口甜點］ 水果杏仁糖

[Massepain pâtisserie 用杏仁膏成形]

沒乾的話無法沾裹飴糖，材料都要在前一天準備。

Amande
杏仁

分量　12個份
造型杏仁膏
massepain pâtisserie（→P.206）—— 120g
杏仁（去皮）amandes émondées —— 12顆

1
將2根15mm寬的測量桿置於
造型杏仁膏的兩側，擀開杏
仁膏。

2
用直徑2cm的切模切取。杏
仁膏1個約8g。

3
將杏仁膏揉圓，在中央放上
1顆杏仁，一面用手指按
壓，一面修整形狀，晾乾。
隔天沾裹飴糖（→P.64）。

Cerise
櫻桃

分量　12個份
造型杏仁膏 massepain pâtisserie（→P.206）—— 120g
紅色色素 colorant rouge —— 適量Q.S.
＊用少量水溶解備用。

糖漬櫻桃 bigarreaux confits —— 12個
＊bigarreaux是野生櫻桃的改良種。
使用染成紅色的市售糖漬櫻桃。瀝除湯汁，切半備用。

1
在造型杏仁膏中一面慢慢加
入紅色色素混合，一面染成
深桃紅色，將2根15mm寬的
測量桿置於造型杏仁膏的兩
側後擀開。

2
用直徑2cm的切模切取。杏
仁膏1個約8g。分別揉圓。

3
用切半的糖漬櫻桃夾住杏
仁膏，修整成酒杯形，晾乾。
隔天沾裹飴糖（→P.64），
不過飴糖已用少量水融解的
紅色色素染色。

Pruneau
蜜李

分量　12個份
造型杏仁膏
massepain pâtisserie（→P.206）── 120g
蜜李乾 pruneaux ── 12個
＊去籽。縱向深切切口備用。

1
和「杏仁」（→P.66）同樣
地擀平造型杏仁膏，切取每
個約8g，揉圓備用。在蜜李
乾的切口中鑲入杏仁膏。

2
杏仁膏部分用網篩的網目壓
出花樣，晾乾。隔天沾裏飴
糖（→P.64）。

Ananas
鳳梨

分量　12個份
造型杏仁膏 massepain pâtisserie（→P.206）── 100g
黃色色素 colorant jaune ── 適量Q.S.
＊用少量水溶解備用。

糖漬鳳梨圓片
rondelles d'ananas confites（→P.297）── 圓片2片
＊放在濾網上瀝除醃漬液後備用。

1
在造型杏仁膏中一面慢慢加
入黃色色素混合，一面染成
深黃色。

2
將2根3mm寬的測量桿置於
1的造型杏仁膏的兩側後擀
開。用直徑7cm的切模切取
4片後，再用直徑3cm的切
模分別在中央切割鏤空。

3
用2片杏仁膏夾住瀝除水分
的糖漬鳳梨圓片。可製作2
組。將2組分別切成6等份，
晾乾。隔天再拿來沾裏飴糖
（→P.64）。

Noisette
榛果

分量　10個份
造型杏仁膏
massepain pâtisserie（→P.206）—— 120g
綠色色素 colorant vert —— 適量Q.S.
＊用少量水溶解備用。

榛果 noisettes torréfiées —— 20顆
＊烤到內芯都上色，去皮備用。

波美度30°的糖漿 sirop à 30°B（→P.202）—— 適量Q.S
咖啡濃縮萃取液 trablit —— 適量Q.S.

1
在造型杏仁膏中一面慢慢加入綠色色素混合，一面染成淺綠色。

2
將2根3mm寬的測量桿置於1的造型杏仁膏的兩側後擀開。拿掉測量桿，再擀成2mm厚。

3
用派輪刀（roulette à pâte）將2切成5cm寬的帶狀，邊端切成波浪狀。

4
在3前端放上2顆烤過的榛果，用杏仁膏從前方開始捲包。捲包好後剪斷杏仁膏，用波美度30°的糖漿作為黏膠，塗在邊端封口。
＊製作1個約使用長5.5cm的杏仁膏。

5
用拇指壓扁捲成筒狀的4的中央後，再對摺。

6
在波浪狀的杏仁膏邊緣，用筆塗上咖啡濃縮萃取液，晾乾。隔天再拿來沾裹飴糖（→P.64）。

Noix
核桃

分量　12個份
造型杏仁膏
massepain pâtisserie（→P.206）── 120g
咖啡濃縮萃取液 trablit ── 適量Q.S.
核桃（切半）noix ── 24個
波美度30˚的糖漿 sirop à 30˚B（→P.202）── 適量Q.S.

1
在造型杏仁膏中加少量咖啡濃縮萃取液混合，將其染色。將2根15mm寬的測量桿置於造型杏仁膏的兩側後擀開，再用直徑2cm的切模切取。1個約8g。

2
將 1 分別揉圓。核桃沾裹波美度30˚的糖漿後，從兩側夾住杏仁膏，整理成杯形後晾乾。隔天再拿來沾裹飴糖（→P.64）。
＊核桃沾裹糖漿是為了利於黏合。

Marron
栗子

分量　12個份
栗子醬 pâte de marrons ── 120g
＊法國製。以破碎的糖漬栗子等製作而成。
咖啡濃縮萃取液 trablit ── 適量Q.S.

1
將栗子醬置於2根15mm寬的測量桿之間後擀開，再用直徑2cm的切模切取。1個約8g。分別揉圓，再稍微壓扁。

2
捏住栗子醬邊端向外拉修整成栗子的形狀，晾乾。隔天，再沾裹用可可膏和紅色色素染色的飴糖並吊掛拔絲（→P.65）。

［Fruits frais　使用新鮮水果］
水果表面晾乾後再沾裹飴糖

酒漬水果 —— 味淡的水果

除了麝香葡萄外，櫻桃等味道淡的水果，
因為味道不如飴糖，
所以用酒和糖漿醃漬，使其味道變濃郁。

將酒和波美度30°的糖漿
（→P.202），以10：1的比例
混合，倒入水果中蓋過水果，
放在陰涼處醃漬3週的時間。
麝香葡萄適用蘭姆酒，櫻桃適
用櫻桃白蘭地等。水果取出後
徹底瀝除醃漬液，表面晾乾後
再沾裹飴糖。

Muscat, Raisin géant, variété "kyoho"
麝香葡萄，巨峰等
——短梗的

用加糖漿的蘭姆酒醃漬3週的葡萄（→P.70），取出放在網篩上讓它晾乾。麝香葡萄等梗短的葡萄，可以用寬頭鑷子（pince）夾著梗沾裹飴糖（→P.64）。

Cerise, Physalis
櫻桃、酸漿等
——長梗的

用加糖漿的櫻桃白蘭地醃漬3週的櫻桃，取出放在網篩上讓它晾乾。櫻桃拿著大約切短一半梗沾裹，酸漿的話拿著花萼來沾裹飴糖（→P.64）。

Mandarine, Orange
橘子、柳橙
——無柄、無皮的

1
柑橘類於前一天先去皮，分瓣，剔除白筋，表面晾乾備用。放在巧克力用的叉子上沾裹飴糖（→P.64）。

2
將1放在矽膠烤盤墊或淺盤上晾乾。
＊圖中是讓每2瓣相黏。

Orange
柳橙
——只有一半沾裹染色的飴糖時

1
柳橙如上述般同樣處理，沾裹透明飴糖後晾乾備用。取所需量的飴糖，加入已用少量水預先融解的紅色色素染色（→P.64・④）。

2
用寬頭鑷子夾住柳橙，只有一半沾裹1已染色的飴糖後取出，放在矽膠烤盤墊或淺盤上晾乾。

Fondants déguisés
水果翻糖

前項介紹的水果杏仁糖是沾裹飴糖，

而水果翻糖是沾裹翻糖來取代飴糖。

使用新鮮水果或酒漬的水果等製作的水果翻糖是甜點店的商品。

因為時間一久翻糖會溶化，這意味著，

水果翻糖和水果杏仁糖一樣屬於「Glacé」的範疇。

若將它置於菜單中，就得每天製作。

另一方面，「糖漬水果」（→P.292）沾裹翻糖時，

因水果不會流出水分，所以也能披覆巧克力，

而且它耐保存，所以屬於手工糖果的工作。

水果翻糖作為手工糖果時，

翻糖在30℃時就能回軟，可是進行沾裹時得60℃才行。

以30℃沾裹時，水分多的水果會立刻從底側融化，

加熱至60℃沾裹的話，翻糖凝固時會成為堅硬不融化的狀態。

翻糖和砂糖一樣，也是加熱溫度越高，越具有吸濕性，

這是因為考量到要處理從水果釋出的水分。

以染色翻糖裹飾成霧面感的水果翻糖。

若排放在平盤中，我覺得非常漂亮。

沾裹翻糖

分量
翻糖 fondant（→P.202）—— 適量Q.S.
波美度30°的糖漿 sirop à 30°B（→P.202）—— 適量Q.S.
糖粉 sucre glace —— 適量Q.S.

1
在鍋裡放入用手揉軟至變形程度的翻糖，加入波美度30°的糖漿，不時開火加熱，溫度保持在60℃以下，讓翻糖回軟至落下時呈寬絲帶狀的濃稠度。
＊翻糖若溫度太低，甜點會立即泛潮。

2
水果瀝除水分後，再放在抹布上擦乾水分備用。無梗的材料放在巧克力用的叉子上，有梗的材料手持梗放入1中浸泡（tremper），去除多餘的翻糖。

3
在矽膠烤盤墊或淺盤上撒上糖粉，排放上2後晾乾。

翻糖染色
左側的步驟1之後，加入已用少量水溶解的色素，一面察看色調，一面混合。圖中是使用紅色色素染成粉紅色。

一半沾裹翻糖
手持皮或蒂等，將材料的一半浸入翻糖中。圖中是使用以黃色色素染色的翻糖。

Cerise A
櫻桃 A
——白色翻糖

參照「酒漬水果」（→P.70），使用加糖漿的櫻桃白蘭地醃漬的櫻桃。將櫻桃放在網架上瀝除水分，並用抹布拭乾水分後，再將其沾裏翻糖（→P.74）。

Muscat
麝香葡萄
——黃綠色翻糖

參照「酒漬水果」（→P.70），使用加糖漿的蘭姆酒醃漬的麝香葡萄。麝香葡萄放在網架上瀝除水分，再用抹布擦乾水分。翻糖以綠和紅色色素染成黃綠色，將葡萄沾裏翻糖（→P.74）。

Cerise B
櫻桃 B
——粉紅色翻糖

參照「酒漬水果」（→P.70），使用加糖漿的櫻桃白蘭地醃漬的櫻桃。櫻桃放在網架上瀝除水分，再用抹布拭乾水分。翻糖以紅色色素染成粉紅色，將櫻桃沾裏翻糖（→P.74）。

Fraise, Physalis
草莓、酸漿
——只有一半沾裏翻糖

水果用抹布等徹底擦乾水分備用。草莓是沾裏以紅色色素製作的粉紅色翻糖，酸漿是沾裏以黃色色素製作的黃色翻糖，參照「一半沾裏翻糖」，分別在水果上沾裏翻糖做裝飾（以上→P.74）。

Petit four demi-sec
半乾類一口甜點

2

冠以Demi-sec這個法語的甜點，換言之也就是「半乾甜點」，
它們不像Glacé（→P.10）類甜點那麼新鮮，
不過這類甜點具有黏稠、軟糊那種讓人感到少許濕氣的口感。
有的像「巴黎式馬卡龍（Macarons parisiens）」（→P.114）及
「科凱特餅（Coquets）」（→P.110）那樣，
外表酥鬆，裡面卻黏稠的口感，
有的還浸泡（tremper）在糖漿中，補充水分使其更濕潤。
「費南雪（Financier）」（→P.102）就是浸泡在糖漿中的甜點之一。
尤其是費南雪製成一口甜點後，因表面積變大，容易變乾，
若不是立即食用類甜點的話，我依然會浸泡糖漿。
此外，像是以低溫烘焙的
「手指餅乾（Biscuit à la cuillère）」（→P.96）等甜點，
我考量到要保有半乾的口感，
大膽用高溫迅速烘烤，以免麵糊裡的水分烤乾。
製作麵糊、烘烤方式和浸泡等方面都頗費工夫，
這些都是為了要表現半乾類甜點所擁有的獨特口感。
順帶一提，這裡的麵糊和下章介紹的乾燥類一口甜點，
多數都使用杏仁，如同磨成粉的杏仁糖粉T.P.T.（→P.203）
及生杏仁膏（Pâte d'amandes crue）（→P.204）等膏類那樣，
我以1:1比例的杏仁和砂糖混合。
這是為了讓體積小的甜點，也能呈現濃厚的風味。

Pâte à beignet
貝涅餅（法式甜甜圈）麵糊

貝涅餅麵糊是

半乾類一口甜點中，不可或缺的麵糊。

所謂的「Beignet」，在餐廳是指油炸烹調法，

但我當初工作的法國甜點店，提到Beignet通常是指這種麵糊。

因為這種麵糊容易黏在模型上，

所以模型中都會厚塗奶油等油脂，烤過的烤盤總是油漬漬的。

烘烤時，厚塗的油脂讓甜點表面呈現油炸的酥脆口感，因而稱為Beignet。

麵糊以生杏仁膏（→P.204）為底料，

可說是能吃到杏仁膏的甜點。

為了儘量讓麵糊裡沒有氣泡，加入具保濕性的蜂蜜、水果糊、

融化奶油，以及具有黏結作用的少量麵粉。

這是因為甜點的模型小，

若含有氣泡，麵糊烘烤後接觸空氣的表面積增加，甜點會變乾，

這樣就不是半乾類甜點，而變成乾燥類甜點。

不僅甜點外形能變化，也能放在糖漿中浸泡（Tremper），

屬於變化多端的多用途麵糊。

Pâte à beignet
貝涅餅麵糊

分量　成品約1685g

生杏仁膏 pâte d'amandes crue（→P.204）—— 800g

全蛋 œufs entiers —— 5個

蛋黃 jaunes d'œufs —— 3個份

＊和上述的全蛋混合備用。

杏桃糊 pulped'abricot —— 50g

＊使用以網篩過濾過，顏色和香味俱佳的西班牙產罐頭杏桃果肉。

蜂蜜 miel —— 200g

融化奶油 beurre fondu —— 200g

＊加熱至50℃使用。

低筋麵粉 farine faible —— 80g

1
在攪拌缸中放入生杏仁膏，攪拌機安裝上槳狀拌打器，以低速攪拌，慢慢加入蛋，充分混合。

＊一口氣加入蛋會結塊，所以要一點點慢慢加入。途中，用抹刀刮取黏在缸邊的麵糊混入其中。

2
暫停攪拌機，加杏桃糊，接著加蜂蜜。

＊加入杏桃糊，是為了補充黏稠的口感。

3
再次攪拌。為避免攪入氣泡，始終以低速混合，混勻即可。

＊若含有氣泡，以小模型烘烤時，甜點易變乾。

4
停止攪拌機，加入調整成50℃的融化奶油，用橡皮刮刀如切割般混合。

＊為了利用熱度減少氣泡，融化奶油加熱後再加入。

5
加入低筋麵粉後同樣地混合。

＊這是低筋麵粉少的配方，在融化奶油之後才加入麵粉，以減少小麥蛋白能和水結合的網目狀組織麵筋的形成，成為溶口性佳的口感。

6
麵粉混勻即可。冬季時置於陰涼的地方，夏季時放入冷藏庫靜置一天，讓麵糊的材料融合。

＊不放置一天就擠入模型中烘烤，會進入許多氣泡，殘留麵粉的顆粒。

Raisin
葡萄乾

分量　46個份

＊準備上部3.7cm正方、底部2.3cm正方、高1cm的模型。

貝涅餅麵糊

pâte à beignet（→P.80）—— 基本分量的1/4量

模型用無鹽奶油 beurre pour moules —— 適量Q.S.

蘭姆酒漬柯林特葡萄乾

Raisins de Corinthe secs marinés au rhum —— 每個5顆

＊在1天前泡水回軟，瀝除水分後浸漬蘭姆酒。

① 在模型中厚塗攪打成乳脂狀的奶油備用（圖a）。將柯林特葡萄乾放在網篩上充分瀝除湯汁備用。

② 用9～10號圓形擠花嘴在模型中擠入貝涅餅麵糊（圖b）。1個約擠入9g。

③ 在②的上面各放5顆柯林特葡萄乾（圖c），用240℃的烤箱約烤8分鐘。

Cerise
櫻桃

分量　40個份

＊準備口徑3cm、高1.8cm的蓬蓬內（pomponnette）小模型。

貝涅餅麵糊 pâte à beignet（→P.80）—— 300g

模型用無鹽奶油 beurre pour moules —— 適量Q.S.

模型用12切杏仁
amandes concassées pour moules —— 適量Q.S.

糖漿（波美度20°）sirop à 20°B
┌ 白砂糖 sucre semoule —— 250g
│ 水 eau —— 500g
│ 檸檬表皮 zeste de citron —— 1/2個份
│ 肉桂棒 bâton de cannelle —— 1根
└ 八角 anis étoilés —— 3個

杏桃淋面 glaçage à l'abricot　以下取用適量
┌ 杏桃果醬
│ confiture d'abricots（→P.199）—— 適量Q.S.
│ 透明果凍膠 nappage neutre —— 適量Q.S.
│ ＊市售的透明果凍膠3000g、切開的香草棒2根、水飴450g、
│ 水1500g一起煮沸，放涼。用在烘烤甜點上。
└ 水 eau —— 適量Q.S.

糖漬櫻桃 bigarreaux confits —— 20個

＊bigarreaux是野生櫻桃的改良種。使用染成紅色的市售糖漬櫻桃。

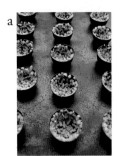

① 在模型中厚塗攪打成乳脂狀的奶油，貼上杏仁備用（圖a）。

＊原是用一口甜點用的小模型，但這裡是用蓬蓬內小模型製作。

② 用9～10號圓形擠花嘴在①中擠入貝涅餅麵糊（圖b）。1個約擠入7g。用240℃的烤箱約烤8分鐘。

③ 在鍋裡混合糖漿的材料（圖c）煮沸，讓砂糖溶解。放涼至人體體溫程度後使用。糖漬櫻桃切半。

④ 將放涼至人體體溫程度的②放入③中浸泡（圖d），取出模型底部側朝上放在網架上。

⑤ 將杏桃果醬和果凍膠以2；1的比例混合，加少量水再混合，加熱至舀取後會迅速流下的穠稠度。

＊用水調整杏桃淋面的硬度。這裡希望薄塗淋面，所以調整成會往下滴流的穠稠度。

⑥ 用毛刷沾上⑤的淋面，如叩擊般抹到④上，塗抹多一點（圖e）。

⑦ 各放上1瓣的切半糖漬櫻桃。同樣再抹上大量⑤的淋面（圖f）。

Orange
柳橙

分量　52個份
＊準備長徑4.5cm、短徑2cm、高1cm的軟木塞狀
（側面呈條紋狀）的橢圓形模型。

貝涅餅麵糊 pâte à beignet（→P.80）—— 250g
糖漬橙皮
écorce d'orange confite（→P.295）hachée —— 250g
＊切碎。

模型用無鹽奶油 beurre pour moules —— 適量Q.S.
糖漬橙皮
julienne d' écorce d'orange confite —— 適量Q.S.
＊裝飾用切絲備用。

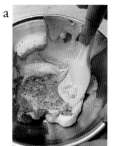
a

b

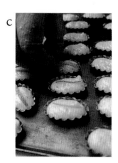
c

① 在模型中厚塗攪打成乳脂狀的奶油備用。
② 在鋼盆中放入等量的貝涅餅麵糊和切碎的糖漬
橙皮，用橡皮刮刀混合（圖a～b）。
＊若使用新鮮水果等，烤好後會變乾。必須使用烘
烤用的糖漬水果。製作鳳梨風味時，同樣是混合糖
漬鳳梨。
③ 用9～10號圓形擠花嘴在模型中擠入②。1個約
擠入9g。
④ 將1根根切絲的糖漬橙皮放在麵糊的中央（圖
c），用240℃的烤箱約烤8分鐘。

Noix
核桃

分量　62個份

＊準備口徑3.5cm、高1.5cm的杯模（紙杯）。

貝涅餅麵糊 pâte à beignet（→P.80）——520g

核桃（切半）noix —— 62個

糖粉 sucre glace —— 適量Q.S.

a

① 將2片烤盤重疊，上面排放數個杯模。

＊重疊2片烤盤，是因為避免使用的紙製杯模底部過度受熱。

② 用9～10號圓形擠花嘴迅速擠入貝涅餅麵糊。1個約擠入8g。在擠好的麵糊上依序各放上1個切半的核桃（圖a）。

＊麵糊擠好後若不立刻烘烤，因重量擴散紙杯會變形，所以要迅速作業。

③ 將②立即放入240℃的烤箱中，烘烤6～7分鐘。涼了之後只撒1次糖粉。

＊我在法國看到這個甜點是用大模型製作，不過它原本就屬於一口甜點。

專題 2

使用模型烘焙

　　我現在雖然已使用不沾模型（Flexipan）等樹脂模型，以及左頁那種紙杯模等模型，不過，法式小蛋糕或餐後甜點所使用的模型，都需要經過處理。一口甜點用的模型也不例外。左頁的核桃仍然是用小模型烘烤。

　　新模型剛用時要先以高溫烘烤，薄塗上少雜質的澄清奶油後再烘烤。這樣反覆數次讓油分滲入模型中，就不易沾黏麵糊。但是放入窯中約烘烤10次後，模型又會變得容易沾黏麵糊，這時要用氫氧化鈉液煮過、清洗後，再入窯烘烤。經過這些作業後黏附的麵糊等就會脫落。之後和最初一樣，反覆進行約3次的烘烤、塗油作業。尤其是一口甜點的模型很小，處理起來很費工夫，不過當然還是會先處理。

　　過去模型烘烤1次約需花1小時清理，但現在的模型已很好清理。每2年我會去一次模型店，店家會幫我清理模型後再塗覆油。便利商品的問世也減輕處理模型的負擔。雖說如此，但我覺得還是有很多甜點不用金屬模型就好像少了點什麼。

Four à la poche
擠花酥餅

這是以杏仁膏為底料，配方非常簡單又豪華的酥餅。

因為以擠花袋（Poche）擠製、烘烤（Four）製作，

因而稱Four à la poche。

擠花酥餅擠製的外形需呈現明顯的輪廓，

所以大多數主要是用能擠出條狀花樣的星形擠花嘴（Douille cannelée）來擠製。

即使同樣是鳳梨口味，和使用手指餅乾麵糊的鳳梨（→P.100）相比，

很明顯擠製的外形更鮮明立體。

重要的是擠花酥餅的麵糊得在烘烤前一天備妥。

在麵糊靜置時間，比重高、具保濕性的糖分會下沉，

這樣表面才能徹底烤乾，

成品完成後呈現輪廓鮮明的外形。

擠花酥餅幾乎只在上面施以裝飾，

若和水果一起烘烤，我一定使用糖漬水果（→P.292）。

我也會製成各式各樣造型，一般都準備蝸牛、

洋梨、玫瑰花等5～6種造型。

此外，為了讓突出的立體輪廓散發光澤，

每種口味都規定塗覆阿拉伯膠淋面。

酥餅的特色是味道豪華、外側酥脆、芳香，

麵糊裡加入少量呈現黏稠口感的果醬。

對於喜好甜點的口感有落差的法國人來說，擠花酥餅極受歡迎，

是每家甜點店都會販售的一口甜點之一。

因所有口味的烘焙時間均同，可全部擠製後一併烘烤、裝飾。

Pâte à four à la poche
擠花酥餅麵糊

分量　成品192g
生杏仁膏
pâte d'amandes crue（→P.204）—— 150g
杏桃果醬
confiture d'abricots（→P.199）—— 11g

摩拉根（利口酒）Moringué —— 2g
＊法屬留尼旺島（舊波旁島）威貝魯（音譯）公司製的
開心果和堅果仁風味的利口酒。酒精度數是17%。
蛋白 blanc d'œuf（frais）—— 29g
＊使用新鮮的蛋。

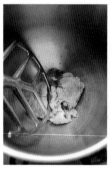

1
在攪拌缸中放入生杏仁膏、杏桃果醬、摩拉根利口酒和蛋白，用安裝上攪拌器的攪拌機以低速攪拌。
＊果醬是為了呈現黏稠口感。使用新鮮的蛋白，能烤出輪廓分明的外形。

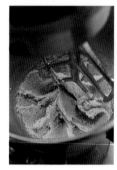

2
雖然攪拌成能夠擠製的硬度，但如果麵糊太硬，可以加少量蛋白（分量外，放在常溫3天以上的）調節。擠製麵糊後靜置一天，待麵糊變乾，外形固定後再烘烤。
＊使用久放的蛋的麵糊，烘烤後外形會坍塌，但要調整太硬的麵糊時，可以使用久放的蛋。

glaçage de gomme arabique
阿拉伯膠淋面
—— 散發光澤和具保形性

分量
阿拉伯膠（粉末）gomme arabique —— 適量Q.S.
水 eau —— 適量Q.S.

1
將等比例的阿拉伯膠和水放入附蓋的小容器中充分混合。
＊使用精製的阿拉伯膠，可以不必像過去那樣守在鍋旁一邊混合，一面加熱。

2
隔水加熱約3小時，讓阿拉伯膠完全溶化。使用時保溫在50～60℃。

Amande
杏仁

分量　14個份
擠花酥餅的麵糊
pâte à four à la poche（→P.88）—— 基本分量
杏仁（去皮）amandes émondées —— 7顆
＊前一天浸水備用，分成兩半，擦乾水分備用。
泡水後較容易分成兩半。

黑巧克力（可可成分55%）
chocolat noir 55% de cacao —— 適量Q.S.
＊調溫後保溫備用（→P.50・①）。

阿拉伯膠淋面
glaçage de gomme arabique（→P.88）—— 適量Q.S.

a

c

b

d

① 鋪上烤焙紙，用10切・7號星形擠花嘴將麵糊擠成4～5cm長的水滴形，共擠28個。擠好後稍微暫放，形成杏仁在樹上時的果實形狀（圖a）。
② 在擠好的半量麵糊上，放上分半的杏仁稍微按壓（圖b）。
③ 麵糊擠好後靜置一天備用。
＊靜置一天的原因是，「讓具保濕性的糖分的高比重下降，麵糊表面因充分晾乾，所以能烤出鮮明的外形輪廓」。
④ 烤盤下再重疊一片烤盤，放入220℃的烤箱中烤10分鐘，烤到呈現適當的烤色。烤好後，立即用毛刷塗上阿拉伯膠淋面進行披覆（圖c）。
＊趁熱塗刷，讓水分蒸發，才能呈現阿拉伯膠特有的光澤和酥脆的口感。
⑤ 將④從紙上撕下，放在網架上放涼備用。
＊樹脂加工的烤焙紙容易撕取。若是普通的烤焙紙，紙下倒水後再撕取。
⑥ 組合有放杏仁和沒放杏仁的酥餅，將細側沾裹上巧克力後取出（圖d）。排放在鋪紙的淺盤上晾乾。

Orange
柳橙

分量　13個份

麵糊 pâte à four à la poche à l'orange

> 生杏仁膏 pâte d'amandes crue（→P.204）── 150g
> 糖漬橙皮
> écorce d'orange confite（→P.295）hachée── 11g
> ＊切碎備用。
> 君度橙酒 Cointreau ── 2g
> 蛋白 blanc d'œuf（frais）── 29g
> ＊使用新鮮的蛋。

糖漬橙皮 écorce d'orange confite ── 適量Q.S.
＊切成所需份數的菱形備用。

阿拉伯膠淋面
glaçage de gomme arabique（→P.88）── 適量Q.S.
杏桃果醬 confiture d'abricots（→P.199）── 42g
糖漬橙皮
écorce d'orange confite hachée ── 13g
＊切碎備用。

君度橙酒 Cointreau ── 2g

a
c
b
d

① 參照「擠花酥餅的麵糊」（→P.88），杏桃果醬改用糖漬橙皮，酒改用君度橙酒，同樣製作麵糊。

② 鋪上烤焙紙，用10切‧7號的星形擠花嘴，分別從左右朝中央將麵糊擠成串狀（圖a）。左右長度約6cm，共擠26個。

③ 在②所有擠製的麵糊中央部分，放上切成菱形的糖漬柳橙（圖b）。

④ 麵糊擠好後靜置一天備用。

＊若不靜置一天，烤不出輪廓分明的外形。

⑤ 烤盤下再重疊一片烤盤，放入220℃的烤箱中烤10分鐘，烤到呈現適當的烤色。烤好後立即用毛刷塗上阿拉伯膠淋面進行披覆（圖c）。

⑥ 將⑤從紙上撕下，放在網架上放涼備用。

⑦ 杏桃果醬中加入切碎的糖漬橙皮和君度橙酒混合。

＊用君度橙酒加強柳橙的香味。

⑧ 用9號圓形擠花嘴在半量的酥餅平坦面上，各擠上3～4g的⑦的果醬，再用其餘的酥餅夾住（圖d）。

Rosace
玫瑰

分量　10個份

麵糊 pâte à four à la poche

> 生杏仁膏
> pâte d'amandes crue（→P.204）—— 150g
> 杏桃果醬
> confiture d'abricots（→P.199）—— 11g
> 雅馬邑白蘭地酒 Armagnac —— 2g
> 蛋白 blanc d'œuf（frais）—— 29g
> ＊使用新鮮的蛋。

糖漬櫻桃 bigarreaux confits —— 15顆
＊bigarreaux是野生櫻桃的改良種。
使用染成紅色的市售糖漬櫻桃。

阿拉伯膠淋面
glaçage de gomme arabique（→P.88）—— 適量Q.S.

a

b

① 參照「擠花酥餅的麵糊」（→P.88），酒改用雅馬邑白蘭地酒，同樣製作麵糊。

② 鋪上烤焙紙，用7切・7號的星形擠花嘴將麵糊擠成直徑約4cm的菊花形（圖a）。共擠10個。

③ 糖漬櫻桃縱切成4等份，在②上各放上3片做裝飾。

④ 麵糊擠好後靜置一天備用。

＊若不靜置一天，烤不出輪廓分明的外形。

⑤ 烤盤下再重疊一片烤盤，放入220℃的烤箱中烤10分鐘，烤到呈現適當的烤色。烤好後立即用毛刷塗上阿拉伯膠淋面進行披覆（圖b）。

⑥ 將⑤從紙上撕下，放在網架上放涼。

Escargot
蝸牛

分量　15個份

麵糊 pâte à four à la poche

> 生杏仁膏
> pâte d'amandes crue（→P.204）——— 150g
> 杏桃果醬
> confiture d'abricots（→P.199）——— 11g
> 雅馬邑白蘭地酒 Armagnac ——— 2g
> 蛋白 blanc d'œuf（frais）——— 29g
> ＊使用新鮮的蛋。

糖漬歐白芷根
julienne d'angélique confite ——— 適量Q.S.
＊切絲1cm長，撒上白砂糖（分量外）備用。

阿拉伯膠淋面
glaçage de gomme arabique（→P.88）——— 適量Q.S.

a

b

① 參照「擠花酥餅的麵糊」（→P.88），酒改用雅馬邑白蘭地酒，同樣製作麵糊。

② 鋪上烤焙紙，用7切・7號的星形擠花嘴將麵糊擠製直徑約3cm的菊花形，擠製最後朝前方垂直延展，如同和最初擠製的菊花形重疊般，再擠製一個菊花形（圖a）。長度變成大約5cm，共擠15個。

③ 在②擠好的麵糊的中央部分，各插上2根撒了白砂糖的糖漬歐白芷根，製成蝸牛的觸角。

④ 麵糊擠好後靜置一天備用。

＊若不靜置一天，烤不出輪廓分明的外形。

⑤ 烤盤下再重疊一片烤盤，放入220℃的烤箱中烤10分鐘，烤到呈現適當的烤色。烤好後立即用毛刷塗上阿拉伯膠淋面進行披覆（圖b）。

⑥ 將⑤從紙上撕下，放在網架上放涼。

Ananas
鳳梨

分量　14個份

麵糊 pâte à four à la poche

生杏仁膏
pâte d'amandes crue（→P.204）—— 150g
杏桃果醬
confiture d'abricots（→P.199）—— 11g
蘭姆酒 rhum —— 2g
蛋白 blanc d'œuf（frais）—— 29g
＊使用新鮮的蛋。

糖漬歐白芷根
julienne d'angélique confite —— 適量Q.S.
＊切絲1cm長，撒上白砂糖（分量外）備用。

阿拉伯膠淋面
glaçage de gomme arabique（→P.88）—— 適量Q.S.
杏桃果醬 confiture d'abricots —— 25g
鳳梨果醬 confiture d'ananas（→P.201）—— 13g
蘭姆酒 rhum —— 1g

a

b

① 參照「擠花酥餅的麵糊」（→P.88），酒改用蘭姆酒，同樣製作麵糊。

② 鋪上烤焙紙，用7號的圓形擠花嘴將麵糊擠成直徑約1cm的10個相連的圓形，形成鳳梨的外形（圖a）。一個約5×3.5cm的大小，共擠28個。

③ 在②擠好的半量麵糊的邊端部分，各插上3根撒了白砂糖的糖漬歐白芷根。

④ 麵糊擠好後靜置一天備用。

＊若不靜置一天，烤不出輪廓分明的外形。

⑤ 烤盤下再重疊一片烤盤，放入220℃的烤箱中烤10分鐘，烤到呈現適當的烤色。烤好後立即用毛刷塗上阿拉伯淋面進行披覆。

⑥ 將⑤從紙上撕下，放在網架上放涼備用。

⑦ 杏桃果醬中加鳳梨果醬和蘭姆酒混合。

＊加入蘭姆酒是為了突顯鳳梨的香味。

⑧ 用9號圓形擠花嘴在插了歐白芷根的酥餅平坦面上，各擠上⑦約2.5g（圖b），再用其餘的酥餅夾住。

Poire
西洋梨

分量　14個份

麵糊 pâte à four à la poche

生杏仁膏
pâte d'amandes crue（→P.204）—— 150g
杏桃果醬
confiture d'abricots（→P.199）—— 11g
西洋梨白蘭地酒 eau-de-vie de poire —— 2g
蛋白 blanc d'œuf（frais）—— 29g
＊使用新鮮的蛋。

糖漬歐白芷根
julienne d'angélique confite —— 適量Q.S.
＊切絲1cm長，撒上白砂糖（分量外）備用。

阿拉伯膠淋面
glaçage de gomme arabique（→P.88）—— 適量Q.S.
杏桃果醬 confiture d'abricots —— 25g
西洋梨白蘭地酒 eau-de-vie de poire —— 2g

a

① 參照「擠花酥餅的麵糊」（→P.88），酒改用西洋梨白蘭地酒，同樣製作麵糊。

② 鋪上烤焙紙，用10號圓形擠花嘴將麵糊擠成4cm長的水滴形，共擠28個。擠製最後稍微拉長，形成西洋梨的外形（圖a）。

③ 在②擠好的半量麵糊的尖細部分，各插上1根撒了白砂糖的糖漬歐白芷根，作為西洋梨柄。

④ 麵糊擠好後靜置一天備用。

＊若不靜置一天，烤不出輪廓分明的外形。

b

⑤ 烤盤下再重疊一片烤盤，放入220℃的烤箱中烤10分鐘，烤到呈現適當的烤色。烤好後立即用毛刷塗上阿拉伯膠淋面進行披覆。

⑥ 將⑤從紙上撕下，放在網架上放涼備用。

⑦ 杏桃果醬中加入西洋梨白蘭地酒混合，用9號圓形擠花嘴在插了糖漬歐白芷根的酥餅平坦面上，每個約擠2g（圖b），再用其餘的酥餅夾住。

Croissant-pignon
松子牛角

分量　13個份

麵糊 pâte à four à la poche au bigarreau

生杏仁膏
pâte d'amandes crue（→P.204）—— 130g

糖漬櫻桃 bigarreaux confits hachés —— 13g
＊bigarreaux是野生櫻桃的改良種。
使用染成紅色的市售糖漬櫻桃，切碎備用。

櫻桃白蘭地 kirsch —— 2g

蛋白 blancd'œuf（frais）—— 29g
＊使用新鮮的蛋。

蛋白 blanc d'œuf、松子 pignons —— 各適量Q.S.

阿拉伯膠淋面
glaçage de gomme arabique（→P.88）—— 適量Q.S.

a

b

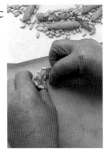
c

① 參照「擠花酥餅的麵糊」（→P.88），杏桃果醬改用切碎的糖漬櫻桃，以及酒改用櫻桃白蘭地，同樣製作麵糊。

② 將①搓成棒狀，再分割成每個10g（圖a）。

③ 用沾了蛋白的手，分別將麵團搓揉成兩端稍細的棒狀（圖b）。在鋪紙的淺盤上散布松子，在上面一面揉搓麵團，一面讓它沾上松子。

④ 摺彎麵團兩端，形成牛角的形狀（圖c）。排放在鋪了烤焙紙的烤盤上靜置一天備用。
＊若不靜置一天，烤不出輪廓分明的外形。

⑤ 烤盤下再重疊一片烤盤，放入220℃的烤箱中烤10分鐘，烤到呈現適當的烤色。烤好後立即用毛刷塗上阿拉伯膠淋面進行披覆。

⑥ 將⑤從紙上撕下，放在網架上放涼備用。

Biscuit à la cuillère
手指餅乾（小西點）

它原本不是一口甜點的麵糊，
但我覺得這種麵糊能擠製出多樣化造型，因而採用。
我從同為擠製麵糊的「擠花酥餅」（→P.86）獲得甜點造型的靈感，再加以改良。
不過擠花酥餅是先嚐到杏仁風味，和簡單裝飾的手指餅乾呈現截然不同的風味。
這個和大蛋糕中使用的手指餅乾的麵糊配方雖然相同，
但通常以160℃烘烤，而我以220～240℃的高溫短時間烘烤，
以達到外表酥脆、裡面濕潤的口感，同時夾入果醬來表現半乾的感覺。
將2片烤盤重疊烘烤，也是為了避免過度乾燥。
我開店2～3年後開始販售，即使同樣是手指餅乾，
一般的麵糊和作為半乾類一口甜點的手指餅乾麵糊並不同，
因為希望顧客能了解這點，而持續推出。
這個麵糊一定要使用銅盆，一面用手持續打發蛋白，一面製作。
我在巴黎的「Jean Mille」甜點店，第一次吃到用這個麵糊製作的
西洋梨夏洛蒂（Charlotte）後，決定這樣製作。
為什麼呢，因為蛋白充分打發，才能感受到手指餅乾口感的魅力。
攪拌機停止時氣泡會消失，無法充分保有氣泡。
我堅持用手一面持續打發，一面製作的作法，
是因為考慮到這是「以氣泡為命」的麵糊。

Pâte à biscuit à la cuillère
手指餅乾麵糊

分量　成品約810g

蛋黃 jaunes d'œufs —— 6個份

白砂糖 sucre semoule —— 150g

蛋白 blancs d'œufs（frais）—— 6個份

＊使用新鮮剛打開的蛋。

白砂糖 sucre semoule —— 60g

低筋麵粉 farine faible —— 150g

1
在鋼盆中放入蛋黃和150g的白砂糖，攪打發泡成泛白的細泡為止。蛋黃和接下來要用的蛋白由2人負責同時打發。

2
在鋼盆中放入蛋白，先用打蛋器如敲擊盆邊般切斷蛋白的纖維，再用力打發形成大氣泡。
＊以新鮮的蛋白打發成強韌的氣泡。

3
確認已充分打發，繞圈混拌調整氣泡的質地。
＊一開始就加入砂糖的話，氣泡質地會變細，烤好後口感會變柔軟。因為不希望口感柔軟，所以在未充分打發之前都不加砂糖。

4
氣泡的質地調整好後，一面慢慢少量地加入60g的白砂糖，一面繞圈混拌。
＊不加砂糖的話，氣泡會變大，水分容易分離。最後加砂糖，以砂糖粒子圍在氣泡周圍，使其在含有水分的同時，還兼具「保形」的作用。

5
將1的蛋黃繞圈混拌，調整氣泡的質地。蛋白直到打發前都不停手，持續打發直到最後。
＊烤好後，為了呈現外酥內軟的口感，蛋白要持續打發，保有細密的氣泡。

6
在5的蛋黃中，加入低筋麵粉和三分之一量的蛋白，充分混合。
＊蛋白每次加三分之一的量。

7
充分混合後，加入剩餘蛋白的半量，改用橡皮刮刀如切割般混拌。

8
加入最後的蛋白，如切割般輕柔地混合，以保留氣泡。完成後，用刮板刮取側面的麵糊，讓其集中在中央（基本的作業）。

Poire
西洋梨

分量　54個份
手指餅乾麵糊
pâte à biscuit à la cuillère（→P.98）—— 基本分量
糖粉 sucre glace —— 適量Q.S.
糖漬歐白芷根
julienne d'angélique confite —— 適量Q.S.
＊切絲1cm長，撒上白砂糖（分量外）備用。
杏桃果醬
confiture d'abricots（→P.199）—— 170g
西洋梨白蘭地酒 eau-de-vie de poire —— 17g
＊使用Poire williams品牌的西洋梨白蘭地酒。

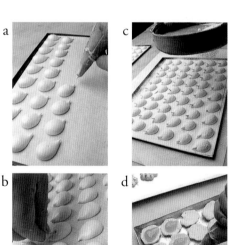

① 在烤盤上鋪上烤焙紙，用9號圓形擠花嘴將麵糊擠成4.5cm長的水滴形，共擠108個。擠到最後稍微拉長些，形成西洋梨的形狀（圖a）。
② 在①擠好的半量麵糊的細端，各插上1根撒了白砂糖的糖漬歐白芷根，作為西洋梨柄（圖b）。
③ 在麵糊上撒2次大量的糖粉。待第一次撒的砂糖濕了之後，再撒第二次（圖c）。
＊糖粉多，烤出的烤色較漂亮。
④ 烤盤下再重疊一片烤盤，放入240℃的烤箱中烤5～6分鐘，側面烤到呈黃色，烤好後放到網架上放涼備用。
＊側面烤到呈褐色的話，口感會變得太酥脆乾燥。為呈現蛋味烤到半乾即可。
⑤ 在杏桃果醬中加入西洋梨白蘭地酒混合。
⑥ 在④的沒插歐白芷根的手指餅乾平坦面上，用9號圓形擠花嘴各擠上⑤約3～4g（圖d），用其餘的手指餅乾覆蓋。上面再撒糖粉做裝飾。

Ananas
鳳梨

分量　40個份

手指餅乾麵糊

pâte à biscuit à la cuillère（→P.98）
—— 基本分量的2/3量

糖粉 sucre glace —— 適量Q.S.

糖漬歐白芷根

julienne d'angélique confite —— 適量Q.S.

＊切絲1cm長，撒上白砂糖（分量外）備用。

杏桃果醬

confiture d'abricots（→P.199）—— 70g

鳳梨果醬

confiture d'ananas（→P.201）—— 70g

蘭姆酒 rhum —— 3g

① 在烤盤上鋪上烤焙紙，用6號圓形擠花嘴將麵糊擠成直徑約1cm、10個相連的圓形，形成鳳梨的外形（圖a）。一個約5×3.5cm的大小，共擠80個。

② 在①擠好的半量麵糊的上端，各插上2根撒了白砂糖的糖漬歐白芷根（圖b）。

③ 在麵糊上撒2次大量的糖粉。待第一次撒的砂糖濕了之後，再撒第二次（圖c）。

＊糖粉多，烤出的烤色較漂亮。

④ 烤盤下再重疊一片烤盤，放入240℃的烤箱中烤7分鐘，側面烤到呈黃色，烤好後放到網架上放涼備用。

＊側面烤到呈褐色的話，口感會變得太酥脆乾燥。

⑤ 在杏桃果醬中混入鳳梨果醬，再加蘭姆酒混合。

＊加入蘭姆酒能突顯鳳梨的香味。

⑥ 在④的沒插歐白芷根的手指餅乾平坦面上，用9號圓形擠花嘴各擠上⑤約3～4g，用其餘的手指餅乾覆蓋。上面再撒糖粉做裝飾。

果糖的趣味性

　　為了在手指餅乾中加入半乾的感覺，我夾入果醬來表現黏稠的口感，但最近我製作這個果醬，不用白砂糖，而使用果糖。

　　譬如我在製作草莓或覆盆子果醬時使用果糖，果糖無雜味，而且能突顯水果的風味。此外，果糖的特色是粒子細、滲透性強。最近糖漬水果都使用整顆水果（→P.292），即使是有厚度的整顆水果，糖漿依然能徹底滲入核心。這也是果糖才能達到的效果。

　　若使用味道獨特的果乾製作果醬時，我也會用有雜味的三溫糖，多虧了果糖，不僅增添運用砂糖的趣味，也使味道變得更豐富。

　　但是，果糖若用於麵糊中，甜點會迅速烤出焦色，果糖也使麵糊中的水分不易蒸發，烤出濕潤的口感。我實在不喜歡那樣的口感，所以麵糊中不會用果糖。

Financier

費南雪（金磚蛋糕）

一口費南雪的配方和大費南雪相同。

但因為它很小，所以只要用高溫迅速烤到半乾就行，

換言之，讓蛋糕保有某程度的水分才是重點。

浸泡糖漿後，再淋飾蘭姆糖膠，

所以呈現外焦脆、裡濕潤的口感。

和大型費南雪的感覺截然不同。

雖說最好是烘烤當天一出爐就直接食用。

不過我為了讓靜置一天變乾的蛋糕口感濕潤，

常採用浸泡（trempe）糖漿使其重生的製作技巧。

沾裹砂糖和水混合的覆面糖衣，

目的除了作為一口甜點的固定裝飾外，還具有保濕的作用。

順帶一提，像瑪德蓮蛋糕能否採取

一口甜點的相同重生方法，答案是「否定的」。

因為瑪德蓮蛋糕沒加杏仁，即使浸泡糖漿也不美味。

此外，若像貝涅餅（→P.78）等較不易乾的甜點，

基本上不必沾裹糖漿。

Financier
費南雪

分量　長徑6.5cm的船形模60個份

無鹽奶油 beurre —— 200g

杏仁（去皮）amandes émondées —— 312g

白砂糖 sucre semoule —— 225g

玉米粉 amidon de maïs —— 50g

蜂蜜 miel —— 1/2大匙

蛋白 blancs d'œufs（frais）—— 240g
＊使用新鮮剛打開的蛋。

蘭姆酒風味糖漿 sirop au rhum
- 白砂糖 sucre semoule —— 100g
- 水 eau —— 200g
- 蘭姆酒 rhum —— 120g

蘭姆糖膠 glace au rhum
- 翻糖 fondant（→P.202）—— 200g
- 波美度30˚的糖漿 sirop à 30˚B（→P.202）—— 140g
- 蘭姆酒 rhum —— 2g

模型用無鹽奶油 beurre pour moules —— 適量Q.S.
＊攪打成乳脂狀後使用。

1
模型用奶油攪打成柔軟的乳脂狀，厚塗在模型中，放入冷藏庫冰硬備用。

2
製作焦化奶油。200g的奶油用打蛋器一面混合，一面加熱，讓奶油均勻受熱。待呈現出類似烤過的榛果的顏色和香味後，熄火過濾。放涼至50℃時使用。

3
將杏仁和白砂糖混合，用食物調理機大致攪碎後放入鋼盆中，加玉米粉後用木匙混合，再加蜂蜜混合。
＊玉米粉具有黏合杏仁和焦化奶油的作用，加蜂蜜則具有增強保濕的作用。

4
在3中加入蛋白，用木匙繞圈混拌。
＊用圓形模型烘烤，使用類似焦化奶油配方的修女小蛋糕（visitandine）是打發蛋白，這裡以不打發為原則。

5
在4中加入2的焦化奶油後繞圈混拌。這是讓粉吸收奶油的作業，混合即可。

6
用10號圓形擠花嘴，在1的模型中約各擠10g，放入200℃的烤箱中約烤16分鐘。烤好後脫模放涼備用。

7
空檔製作蘭姆酒風味的糖漿（→P.109・③），放涼至人體體溫程度。放入已放涼備用的6，整體浸濕後立即取出放在網架上。

8
將揉軟的翻糖放入鍋中，加入波美度30°的糖漿，不時加熱讓溫度保持在30℃以下，一面適度地攪拌，一面使其回軟（→P.202）。用指頭沾取，能透見手指後，滴1滴在大理石上，若呈圓形凝固不會流動的話，再加蘭姆酒混合。

9
在置於網架上的7，用大湯匙等澆淋大量的8的蘭姆糖膠，放入180℃的烤箱中約烘乾30～40秒，使其泛出光澤。
＊8的蘭姆糖膠最好在將近30℃的溫度時澆淋。

Evoras
艾芙拉斯蛋糕

這個甜點曾出現在大約40年前法國出版的
專業級甜點書《旅人蛋糕（gâteaux de voyage）》（→P.8）中，
我直接採用其配方作為一口甜點。
蛋糕使用大量的奶油和杏仁，口感濃稠、豐潤，味道也很棒。
我決定讓它浸含糖漿，再塗上杏桃果醬呈現光澤，
約有40％的蛋糕中含有加酒的糖漿。
這麼做不但使蛋糕的滋味更活潑，糖漿也能增加味道的變化。
享受潤澤口感的同時，還能感受綿密的嚼感。
一個具存在感，又能表現趣味性的甜點。
只有日式生菓子和鮮奶油蛋糕未免太無趣了，
說起來，我選擇它也是類似基於這樣的標準。

Pâte à evoras
艾芙拉斯蛋糕麵糊

分量　成品約315g
全蛋 œufs entiers —— 2個
杏仁糖粉 T.P.T.（→P.203）—— 150g
白砂糖 sucre semoule —— 15g
融化奶油 beurre fondu —— 50g

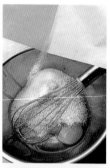

1
在鋼盆中放入全蛋，加杏仁糖粉和白砂糖。

3
加融化奶油用木匙混合。

2
用打蛋器迅速繞圈混拌直到泛白為止。
＊勿攪拌。

Evoras
艾芙拉斯蛋糕

分量　24個份

＊準備口徑4cm、深2.5cm的蓬蓬內（pomponnette）不沾模型。

艾芙拉斯蛋糕麵糊 pâte à evoras（→P.108）── 基本分量

蘭姆酒風味的糖漿 sirop au rhum

> 白砂糖 sucre semoule ── 100g
> 水 eau ── 200g
> 蘭姆酒 rhum ── 120g

杏桃淋面 glaçage à l'abricot

> 杏桃果醬
> confiture d'abricots（→P.199）── 適量Q.S.
> 透明果凍膠 nappage neutre ── 適量Q.S.
> ＊市售的透明果凍膠3000g、切開的香草棒2根、水飴450g、水1500g一起煮沸，放涼。用在烘烤蛋糕上。
> 水 eau ── 適量Q.S.

融化奶油 beurre fondu ── 適量Q.S.

12切杏仁 amandes concassées ── 適量Q.S.

開心果 pistaches hachées ── 適量Q.S.

＊切碎備用。

① 用毛刷在不沾模型中厚塗上融化奶油，貼上杏仁和開心果，放入冷藏庫冷凝備用（圖a）。

② 將模型放在網架上。製作麵糊（→P.108），用9號圓形擠花嘴在①的模型中約各擠13g的麵糊，用食指切斷麵糊（圖b）。連同網架放入200℃的烤箱中，烘烤7～8分鐘後，下火升至240℃，共計烘烤16～17分鐘。烤好後放涼備用。

＊放在網架上，火力更容易穿透。因不沾模型不易烤至上色，所以中途將下火的溫度升高。

③ 製作蘭姆酒風味的糖漿。在鍋中放入白砂糖和水煮沸，煮融砂糖。放涼至人體體溫程度後，加蘭姆酒混合。

④ 製作杏桃淋面（→P.82・⑤。圖c）。

⑤ 在③的糖漿中加入放涼備用的②。充分浸漬（圖d）後，立即放在網架上。

＊因麵糊不攪拌，所以糖漿若不放涼至人體體溫程度的話，烤好的蛋糕容易坍塌。

⑥ 加熱杏桃淋面，用毛刷塗在⑤上。乾了之後再塗1次。上面裝飾5～6片切碎的開心果。

Coquets
科凱特餅

這是在糖粉中混入咖啡濃縮萃取液，

再加入發泡蛋白製作的甜點。說起來是蛋白糖霜烘烤的甜點。

特色是外表酥脆，裡面呈乳霜狀黏稠。

因麵糊容易沾黏，需擠在鋪了紙的濕木板上烘烤，

底面的烘烤狀態和以烤盤烘烤的甜點不同。

蛋白糖霜不易上色，咖啡色留給人乾燥的印象。

我使用木板的目的，就是為了呈現這樣的效果。

我在法國修業時去過各式各樣的店，也注意到這個特殊的甜點。

擅長承辦酒宴活動料理及甜點的公司

「Potel et Chabot」，一直都有推出這個甜點。

我覺得這個咖啡風味甜點香味輕柔又有趣因而製作。

Coquets
科凱特餅

分量　51個份

糖粉 sucre glace —— 400g

咖啡濃縮萃取液 trablit —— 66g

蛋白 blancs d'œufs（frais）—— 90g

＊使用新鮮剛打開的蛋。

1

在糖粉200g中，慢慢加入咖啡濃縮萃取液後混合。若達到舀取後能呈絲帶狀落下的濃稠度即可。靜置會變乾，所以要時常混合。

2

在銅盆中放入剛打開的新鮮蛋白，用打蛋器充分打發至舀取時尖端能豎起的硬度。最後繞圈混合調整質地，在步驟4完全加入前保持續混合。
＊持續混合是為了不讓氣泡消失。

3

在1中加入剩餘的200g糖粉，加入三分之一量的2的蛋白，用木匙充分混合。

4

混合後，加入剩餘蛋白的半量混合，再加入最後的蛋白如切割般輕柔地混合。

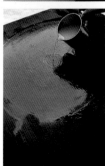

5

在厚約1.5cm的木板上澆水浸濕。上面鋪上紙。
＊澆水弄濕後，一面讓紙下保濕，一面烘烤。

6

用10號圓形擠花嘴，將4的麵糊擠成長徑約4cm的蠶繭狀，共擠102個。放入160℃的烤箱中約烤17分鐘。

7

烤好後趁熱，如移位般撕下科凱特餅，將每2片的平面組合黏合。

Macarons parisiens
巴黎式馬卡龍

巴黎馬卡龍原本就屬於一口甜點類，必然會在一口甜點中登場。

基本上，它使用了杏仁加倍量的大量砂糖，

所以也有人將它歸在手工糖果的範疇。

現在，砂糖的配方是1.6～1.7倍，儘管變得非常少，

不過，連曾經是甜點界先趨的「馥香（Fauchon）」馬卡龍，我都覺得相當甜。

它和其他傳統馬卡龍的基本差異在於，成品的周圍有蕾絲裙邊。

巴黎流行一種表面光滑的馬卡龍Macaron lisse，

因此這種被稱為巴黎式馬卡龍。

被問及什麼是店內傳統特產時，許多店都回答「巴黎式馬卡龍」。

巴黎幾乎每家店都有販售，所以馬卡龍並不是「Ladurée」甜點店的特產。

一直以來，法國人都愛馬卡龍。

包夾的內餡主要有蛋黃霜為底料的奶油餡、甘那許和果醬，

不過以「皮耶·愛瑪（Pierre Herme）」使用橄欖油的馬卡龍為首，最近也出現了變化。

這裡我是使用白色奶油醬作為內餡，

我過去的修業店之一「Coquelin Aine」，也將這種基本的奶油餡用於所有甜點中。

它沒有奶油餡那麼厚重的缺點，所以香味和顏色上容易添加變化。

而且即使夾入大量，吃起來也很可口。雖然馬卡龍泛潮就不好吃了，只有3天的賞味期，

不過包裝後容易回潮，所以我希望採取不包裝販售。

口感上的落差反倒是馬卡龍的美味所在。

Macaron vanille
香草馬卡龍

分量　約80個份

馬卡龍麵糊 pâte à macaron　168片份

[
杏仁糖粉 T.P.T.（→P.203）—— 600g

糖粉 sucre glace —— 220g

透明果凍膠
nappage neutre（市售品）—— 20g

新鮮蛋白 blancs d'œufs（frais）—— 80g

香草豆 pépins de vanille —— 10g
＊波旁（Bourbon）種。
]

A [
蛋白 blancs d'œufs —— 75g
＊置於常溫中3天～1週時間的蛋。

新鮮蛋白 blancs d'œufs（frais）—— 75g

白砂糖 sucre semoule —— 100g
]

香草奶油餡 crème vanille —— 約80個份

[
白色奶油醬
crème blanche（→P.117）—— 350g

香草豆 pépins de vanille —— 1/3小匙
]

1
除了A以外，在攪拌缸中放入馬卡龍麵糊的其他材料，攪拌機安裝上攪拌棒，以低速攪拌。攪拌成如泡芙麵糊般的膏狀硬度後停止。
＊以透明果凍膠來呈現濕潤感。加入香草豆的目的是能突顯麵糊本身的味道。

2
在別的攪拌缸中，放入2種A的蛋白，用攪拌機以中速攪拌，立即加入少量白砂糖，再改用高速攪拌。攪拌到表面覆蓋泛白的粗泡沫後，慢慢加入剩餘的砂糖。
＊剛打開的新鮮蛋白，韌性強，比久放的蛋白打發後更具穩定性。

3
蛋白霜打發到呈現鋼絲拌打器的細條狀痕跡的硬度。舀取時呈圖示般的狀態。徹底的打發。

4
在1中加入三分之一量的3的蛋白，最初如用手捏握般充分混合。

5
粗略混合後，加入剩餘蛋白的三分之一量，如舀取般繞圈混拌。同樣再加入半量及剩餘的蛋白混合。

6
混拌到舀取後能呈絲帶狀落下的硬度即可。

7
最後用刮板乾淨地刮取集中。麵糊集中後，呈現「慢慢擴展的硬度」即可。
＊最後集中麵糊和奶油餡是基本的作業。

8
用10號圓形擠花嘴在矽膠烤盤墊上，將 7 擠成直徑約3.5cm的圓形。

9
靜置30分鐘讓麵糊表面變乾，形成薄膜。麵糊這時約擴展成直徑4cm。將2片烤盤重疊，放進溫度190℃的迴風烤爐（convection oven）中烤3分鐘，直到表面變硬，之後變換烤盤方向，以170℃再烤6分鐘後放涼。

10
在白色奶油醬中加入香草豆，混合製成香草奶油餡。

11
在放涼的馬卡龍一半的分量上，用10號圓形擠花嘴擠上10的奶油餡。1個約擠4g多的量。再蓋上其餘的馬卡龍。

crème blanche
白色奶油醬

分量　成品約2000g
無鹽奶油 beurre —— 500g
杏仁糖粉 T.P.T.（→P.203）—— 1000g
義式蛋白霜
meringue italienne（→P.197）—— 500g

1
奶油攪打成柔軟的乳脂狀，一面加入杏仁糖粉，一面用打蛋器畫圓混合。

2
充分混勻後加義式蛋白霜。改用橡皮刮刀，如切割般攪拌混合，混成均勻的顏色即可。

Macaron citron
檸檬馬卡龍

分量約　80個份

馬卡龍麵糊 pâte à macaron（→P.116）—— 全量

＊但是，香草豆改用下述的香料，使用黃色色素。

檸檬香料 pâte de citron —— 20g

＊法國Florentine公司製的檸檬醬。

黃色色素 colorant jaune —— 少量une pointe

＊用少量水溶解備用。以下的色素也相同。

檸檬奶油餡 crème citron　約80個份

> 白色奶油醬 crème blanche（→P.117）—— 350g
>
> 凱瓦檸檬酒 Kéva —— 1又1/2小匙
>
> 　＊法國Wolfberger Distillateur公司製。
> 以檸檬、萊姆、白蘭地釀製的亞爾薩斯產檸檬風味酒。
>
> 檸檬汁 jus de citron —— 1又1/2小匙
>
> 　＊使用法國的Marie Brizard公司製的Pulco citron。
>
> 檸檬醬 pâte de citron —— 1小匙
>
> 　＊使用法國Sevarome公司製，以天然水果製的檸檬醬。
>
> 黃色色素 colorant jaune —— 少量une pointe

a

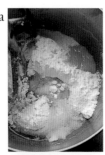

b

① 參照 「香草馬卡龍」（→P.116）的步驟1～9，製作馬卡龍麵糊後烘烤。在步驟1以檸檬香料取代香草豆，色素也一併加入混合（圖a），以增添顏色和香味（圖b）。完成的麵糊水分較多，成為比香草馬卡龍柔軟的狀態。

② 製作檸檬奶油餡。在白色奶油醬中加凱瓦檸檬酒、檸檬汁、檸檬醬和色素，用橡皮刮刀如切割般混拌。察看顏色後調整色素量，混成鮮豔的黃色。

③ 參照P.117的步驟11，在半量馬卡龍上擠上奶油醬，再蓋上其餘的馬卡龍。

Macaron framboise
覆盆子馬卡龍

分量　約80個份

馬卡龍麵糊 pâte à macaron（→P.116）—— 全量
＊但是，香草豆改用下述的香料，使用紅色色素。

覆盆子香料

concentré de purée de framboise —— 40g

＊濃縮水果醬。

使用瑞士Hero公司的Fruit compound raspberry。

紅色色素 colorant rouge —— 少量une pointe

＊用少量水溶解備用。以下的色素也相同。

覆盆子奶油餡 crème framboise　約80個份

> 白色奶油醬 crème blanche（→P.117）—— 350g
> 覆盆子香料
> Concentré de purée de framboise（同上）—— 30g
> 覆盆子白蘭地酒
> eau-de-vie de framboise —— 20g
> 紅色色素 colorant rouge —— 少量une pointe

a

b

① 參照「香草馬卡龍」（→P.116）的步驟 1 ～ 9，製作馬卡龍麵糊後烘烤。在步驟 1 以覆盆子香料取代香草豆，色素也一併加入混合（圖a），以增添顏色和香味（圖b）。

＊製作覆盆子口味時，使用Hero公司的「Fruit compound」的風味較佳。

② 製作覆盆子奶油餡。在白色奶油醬中加覆盆子香料、白蘭地酒和色素，用橡皮刮刀如切割般混拌。察看顏色後調整色素量，混成桃紅色。

③ 參照P.117的步驟 11，在半量馬卡龍上擠上奶油醬，再蓋上其餘的馬卡龍。

Macaron pistache
開心果馬卡龍

分量　約80個份

馬卡龍麵糊 pâte à macaron（→P.116）—— 全量
＊但是，香草豆改用下述的開心果果醬，使用綠色色素。

開心果果醬 pâte de pistache —— 40g
＊使用烤過的開心果製作的堅果醬。

綠色色素 colorant vert —— 少量une pointe
＊用少量水溶解備用。以下的色素也相同。

開心果奶油餡 crème pistache　約80個份

[
白色奶油醬 crème blanche（→P.117）—— 350g

開心果果醬 pâte de pistache（同上）—— 15g

摩拉根利口酒 Moringué —— 25g
＊法屬留尼旺島（舊波旁島）威貝魯（音譯）公司製的開心果和堅果仁風味的利口酒。

綠色色素 colorant vert —— 少量une pointe
]

a

b

① 參照「香草馬卡龍」（→P.116）的步驟 1～9，製作馬卡龍麵糊後烘烤。在步驟 1 以開心果醬取代香草豆，綠色色素也一併加入混合（圖a），以增添顏色和香味（圖b）。
＊加入開心果果醬以增添開心果的風味。
② 製作開心果奶油餡。在白色奶油醬中加入開心果果醬、摩拉根利口酒、1滴色素，用橡皮刮刀如切割般混拌。察看顏色後調整色素量，混成淡綠色。
③ 參照P.117的步驟 11，在半量馬卡龍上擠上奶油醬，再蓋上其餘的馬卡龍。

Macaron chocolat
巧克力馬卡龍

分量　約80個份

馬卡龍麵糊 pâte à macaron（→P.116）—— 全量
＊但是，香草豆改用下述的可可粉，使用紅色色素。

可可粉 cacao en poudre —— 50g
＊法國法芙娜（Valrhona）公司製的無糖可可粉。

紅色色素 colorant rouge —— 少量une pointe
＊用少量水溶解備用。以下的色素也相同。

巧克力奶油餡 crème chocolat　約80個份

> 白色奶油醬 crème blanche（→P.117）—— 350g
> 黑巧克力（可可成分55％）
> chocolat noir 55％ de cacao —— 50g
> 可可膏 pâte de cacao —— 25g
> ＊可可果實直接溶解再凝固而成。法芙娜公司製。
> 和黑巧克力混合切碎，約用40℃融化備用。
>
> 紅色色素 colorant rouge —— 少量une pointe
> 可可酒 crème de cacao —— 10g
> ＊可可利口酒。

a

b

① 參照「香草馬卡龍」（→P.116）的步驟1～9，製作馬卡龍麵糊後烘烤。在步驟1以可可粉取代香草豆，紅色色素也一併加入混合（圖a），以增添顏色和香味（圖b）。
＊加入可可粉以增添顏色和風味。

② 製作巧克力奶油餡。在白色奶油醬中加入融化的黑巧克力、可可膏和色素，用橡皮刮刀如切割般混拌。察看顏色後調整色素量，混成帶有可口紅色的巧克力色。最後加入可可酒混合。

③ 參照P.117的步驟11，在半量馬卡龍上擠上奶油醬，再蓋上其餘的馬卡龍。

Macarons hollandais
荷蘭式馬卡龍

這是風味樸素，在中央加入一條切口的馬卡龍。

外表爽脆乾燥，裡面口感黏稠。

雖說如此，它與「擠花酥餅」（→P.86）相比，黏稠度還是較弱，

外表給人脆硬、輕盈的感覺。

混合杏仁糖粉和蛋白後加熱製作而成，

這種加熱型馬卡龍麵糊很罕見。

裡面我加入煮至116℃的糖漿後，再加熱。

糖漿雖然可保濕，不過糖漿加熱至116℃會變濃稠，

因此能烤出堅硬的表皮。

這是其他馬卡龍所沒有的特色。

換言之，若考慮口感和味道都不同的變化版馬卡龍的話，

我依然只會加入荷蘭式馬卡龍。

通常我都鋪上烤焙紙烘烤，紙下倒水後剝下馬卡龍。

使用矽膠烤盤墊烘烤，很難立即剝取。

若採用矽膠烤盤墊的話，烤好後立刻放入冷凍庫即可。

Macarons hollandais
荷蘭式馬卡龍

分量　24個份

杏仁糖粉 T.P.T.（→P.203）—— 250g

蛋白 blancs d'œufs（frais）—— 75g

＊使用新鮮剛打開的蛋。

白砂糖 sucre semoule —— 50g

糖粉 sucre glace —— 50g

1

在有耳鍋裡放入杏仁糖粉和蛋白，以大火加熱，用木匙一面混合，一面加熱，混成膏狀即可。

2

在別的鍋裡放入白砂糖和糖量約三分之一的水（分量外），加熱至116℃。加入混成膏狀的1中，繞圈混拌。

3

在2中加入糖粉，再繞圈混合。

4

用10號圓形擠花嘴在鋪了烤焙紙的烤盤上，將3擠成長徑約4cm、短徑2.5cm的橢圓形，共擠48個。

5

放入40℃的烘箱（保溫·乾燥庫）中靜置一晚晾乾。

＊荷蘭式馬卡龍立即烘烤的話，麵糊不穩定會橫向擴展，而且光澤也不佳。

6

在靜置一晚的麵糊中央，用沾水的小刀縱向劃切口。放入180℃的烤箱中約烤17分鐘。

＊若不靜置一天，無法劃出切口。

7

烤好後立即在紙下倒水，剝取馬卡龍，每2片一組組合，放在網架上放涼。

＊因為立刻組合2片馬卡龍，所以能夠黏合。若用矽膠烤盤墊烘烤，很難立刻撕下來，使用烘焙紙較有效率。

Petit four sec
乾燥類一口甜點

3

Sec這個字是「乾燥」的意思，顧名思義本單元屬於乾燥類甜點的範疇。

在一口甜點中，乾燥類一口甜點的工作，也是透過善用占度亞榛果巧克力醬（Gianduja，→P.207）、

糖漬水果（Fruits Confits，→P.292）、果醬（→P.199～201）等手工糖果，

以及手工糖果不可或缺的配料，來讓甜點表現得更有趣。

我在法國修業時期（1967～1977年），

曾造訪位於亞爾薩斯（Alsace）米路斯（Mulhouse）城的「Caprice」甜點店。

比起現在眾所周知的「Jacques」甜點店，當時這家店更為著名。

相對於巴黎的乾燥類一口甜點幾乎都是烤好後久放不管，

這家店的一口甜點中有的夾入果醬，有的混入糖漬水果後烘烤，

或是將糖漬水果切小塊做裝飾等，讓人感覺繽紛又華麗。

我想這家店的幕後老板應是位了不起的職人。受到這家店豐富商品的觸動，

我決定開設自己的店時，也要納入一口甜點。

另外，我打算乾燥類一口甜點中，一定要使用手工糖果。

因為甜點很乾燥，若不是夾入或塗抹高糖度的果醬，

讓果醬滲入甜點中，有些狀況下，甜點可能會坍塌破碎。

加入水果烘烤時，若不用糖度充足的糖漬水果，

烤過後水果會乾涸。

在乾燥類甜點的「杏仁甜塔皮（Pâte sucrée aux amandes）」（→P.140）單元裡，

多採用果醬和糖漬水果也是基於這個道理。

在美味度上，組合手工糖果或手工糖果類所用的材料是不可或缺的。

例如本章中使用的甘那許，為避免它滲入甜點中，我特意做得稍濃稠些等，

這也是因為意識到手工糖果類要表現乾燥感。

Pâte feuilletée

千層酥皮麵團

如同「千層派」或夾入糖漬蘋果的「蘋果香頌派（Chaussons pommes）」般，

多層酥皮水平重疊成形，烘烤後蓬起的甜點，

被視為千層酥類的甜點。

在一口甜點方面，許多的酥皮層會縱向的朝四周擴展。

例如「蝴蝶酥」（→P.134）。

成形時中央酥層透過扭轉、按壓，烘烤後能像蝶翼般橫向展開。

它和上色時置於烤盤等抑制隆起的甜點不同，

是以獨特成形技法製作的甜點。

雖說如此，這類甜點中也有隆起成帽子狀的，

或像「三角派」（→P.138）那樣向上蓬起的烘烤甜點，

享受這類甜點時會獲得極大的滿足感。

千層酥皮麵團中使用杏仁的話，味道更濃厚，

基本上，任何甜點成形時都會加入杏仁。

先烤到讓砂糖浮出，接著再把浮現的砂糖焦糖化

來增添光澤與美味烤色的「二度烘烤」，是千層酥皮特有的作業。

這個麵團基本上也是一口甜點不可或缺的。

順帶一提，「三角派」原本是做成三角形，不過這裡我是做成正方形。

Pâte feuilletée
千層酥皮麵團

分量　1條份（成品約2360g）

＊1條擀成2mm厚時，約成為49×69cm的大小。

鮮奶 lait —— 225g

水 eau —— 225g

鹽 sel —— 20g

白砂糖 sucre semoule —— 20g

高筋麵粉 farine forte —— 500g

低筋麵粉 farine faible —— 500g

無鹽奶油 beurre —— 100g

＊奶油與摺疊用奶油，皆使用從冷藏庫剛取出的。

無鹽奶油（摺疊用）beurre de tourage —— 800g

1
在鋼盆中放入鮮奶、水、鹽和白砂糖充分混合，讓砂糖和鹽確實溶解備用。

2
在大理石上將麵粉鋪展成泉水狀。在中央放上用擀麵棍敲擊過的切碎奶油100g份，一面撒麵粉，一面用手捏碎。

3
將1慢慢倒入中央弄凹陷的2中，讓粉和水分融合。

4
不揉搓，捏成一團即可。
＊揉搓會讓小麥蛋白和水結合，形成許多網目狀組織的麵筋，變得難以延展。而且，口感也會變得較硬。

5

混成一團後，上面切十字形切口，用塑膠袋包好放入冷藏庫鬆弛1小時。
＊麵團切切口後要迅速冷藏，緊繃的麵筋也較容易鬆弛。

6

用擀麵棍敲打摺疊用奶油，調整成厚約4cm的正方形。將5的麵團從切口朝四方擀開，成為可包覆摺疊用奶油的大小。

7

在麵團中央放上和其錯開90度角的奶油。一面擀開邊端的麵團，一面將四角的麵團緊密包覆奶油，黏合封閉麵團的邊端。

8

用擀麵棍大致敲擊7，讓奶油和麵團密貼。用擀麵棍將其擀成約35cm的正方形，以塑膠袋包好，放入冷藏庫約鬆弛30分鐘。

9

將8放在大理石上，擀成厚6mm的縱長形。
＊圖中是用壓麵機壓製後，再擀開的狀態。用壓麵機碾壓，較不傷害麵團。

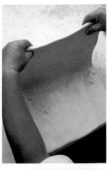

10

將前方麵團往後，後方麵團往前摺疊成為三折。

11

用擀麵棍擀壓，讓兩端麵團緊密貼合。

12

將麵團旋轉90度，重複進行9～11的作業。這樣的摺三折作業進行2次。摺三折2次後，用手指按壓做記號，用塑膠袋包好，放入冷藏庫約鬆弛30分鐘。以相同的要領重複進行2次摺三折的作業，放入冷藏庫鬆弛30分鐘以上。

Sacristains
千層酥捲

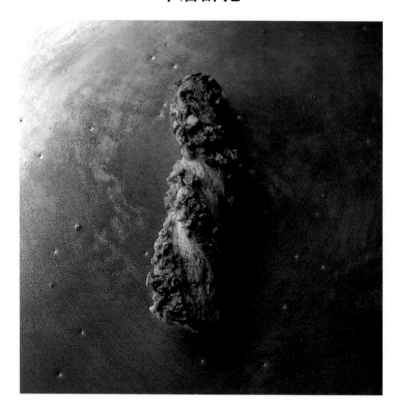

分量　120個份

千層酥皮麵團 pâte feuilletée（→P.130）—— 1/2條

＊麵團進行4次摺三折作業，靜置鬆弛備用。

白砂糖 sucre semoule —— 460g

塗抹用蛋（全蛋）dorure（œuf entier）—— 適量Q.S.

12切杏仁 amandes concassées —— 270g

a

f

b

g

c

h

d

i

e

j

① 取出鬆弛好的麵團，用擀麵棍敲打後，擀成6mm厚的縱長形（圖a）。

＊用壓麵機碾壓，較不傷害麵團。以下，擀麵作業是使用壓麵機。

② 在①的表面如形成薄層狀般撒滿白砂糖，將前方麵團反摺三分之一。反摺的麵團上，同樣撒上白砂糖（圖b）。將後方的麵團往前摺，進行摺三折作業（圖c）。

③ 用擀麵棍碾壓②的兩端，讓麵團密貼，進行摺三折作業5次後，用手指按壓做記號（圖d）。

④ 將③旋轉90度，撒上白砂糖取代防沾粉，擀成縱長形。調整成30cm寬、3mm厚（長度約85cm）（圖e）。

⑤ 麵團背面也撒滿白砂糖備用（圖f）。麵團切成適當的長度（圖中是切半），再分別將寬度分3等份，切成3條10cm寬的帶狀麵團。

＊麵團背面不撒砂糖的話，會沾黏工作台，不易滑動。

⑥ 用毛刷在⑤的上面塗上塗抹用蛋（圖g），輕輕撒上白砂糖，再撒上大量的12切杏仁（圖h）。背面也同樣塗上塗抹用蛋，再撒白砂糖和杏仁。

⑦ 重疊數條麵團，切成2cm寬。成為10cm長的帶狀（圖i）。

⑧ 將每一條⑦的2處扭轉，排放在烤盤上（圖j）。放入冷藏庫鬆弛30分鐘～1小時。

⑨ 將⑧用180℃的烤箱烤30分鐘，接著放到220℃的烤箱中再烤5分鐘使其上色。

Papillons
蝴蝶酥

分量　93個份

千層酥皮麵團 pâte feuilletée（→P.130）—— 1/2條

＊麵團進行4次摺三折作業，靜置鬆弛備用。

白砂糖 sucre semoule —— 100g

肉桂（粉）cannelle en poudre —— 5g

水 eau —— 適量Q.S.

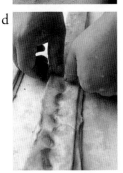

① 取出鬆弛好的麵團，用擀麵棍敲打後，擀成6mm厚的縱長形，接著進行第5次摺三折作業（→P.131・9～11）。用塑膠袋包好，放入冷藏庫鬆弛30分鐘以上。

② 將白砂糖和肉桂混合備用。

③ 將①的麵團旋轉90度放置，擀成2mm厚、30cm寬（5cm的倍數）的縱長形。用小刀切成5cm寬的帶狀。

④ 用毛刷在③的上面刷上水，撒上②的肉桂糖（圖a～b）。

⑤ 將④的麵團各3片重疊（圖c）。用兩隻拇指在麵團中央用力按壓（圖d）。

⑥ 上下翻面，刷上水再撒肉桂糖，和⑤同樣地用兩隻拇指在中央按壓（圖e～f）。

⑦ 用刀刃磨圓的刀子，從⑥的邊端切1.5cm寬（圖g）。拿著切好的麵團兩端扭轉一次，層次朝左右，依序排放在烤盤上（圖h）。

＊刀刃磨圓，切麵時切口才不會沾黏切壞。

⑧ 用沾了白砂糖（分量外）的兩隻拇指，強力按壓⑦的麵團的兩端，將麵團壓薄成能透見烤盤為止（圖i）。

＊不強力按壓，無法烤出漂亮的外形（→ point）。

⑨ 放入180℃的烤箱約烤30分鐘。烤成蝴蝶的外形。

135 ［乾燥類｜一口甜點］千層酥皮麵團

point

儘量強力按壓

上方的蝴蝶酥是在步驟⑧，強力按壓經扭轉的兩側麵團後烘烤而成；而下方的是沒有用力按壓烤出的狀態。

Arlettes
阿雷特脆餅

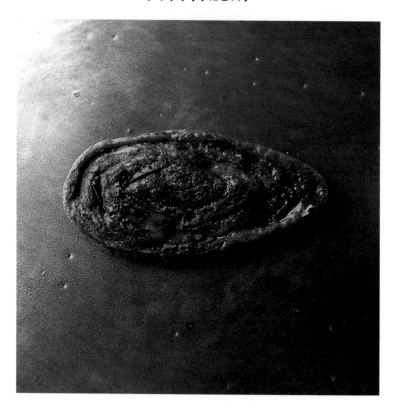

分量　150個份

千層酥皮麵團 pâte feuilletée（→P.130）—— 1/2條

＊麵團進行4次摺三折作業，靜置鬆弛備用。

白砂糖 sucre semoule —— 420g

塗抹用蛋（全蛋）dorure（œuf entier）—— 適量Q.S.

杏仁片 amandes effilées —— 90g

糖粉 sucre glace —— 適量Q.S.

a

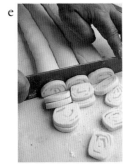

e

b

f

c

g

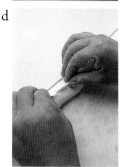

d

h

① 和「千層酥捲」（→P.132）的①～③同樣撒上白砂糖，進行第5次摺三折的作業。

② 將①旋轉90度，擀成2mm厚、30cm寬（圖a）。麵團切成適當的長度，用毛刷塗滿塗抹用蛋。接著撒上杏仁片（圖b）。

＊杏仁片若撒太多容易烤焦。也有人撒杏仁粉。

③ 從邊端開始捲包（圖c）。捲包結束確實黏合封口（圖d）。

＊捲包結束處若不確實封口，烘烤時會裂開。

④ 用塑膠袋包好，放入冷藏庫中鬆弛30分鐘～1小時。鬆弛時間到了之後，取出放入冷凍庫一下使其變硬，較易分切。

＊天熱時鬆弛時間較長，天冷時鬆弛時間較短。鬆弛1小時以上的話，麵團會沾黏在一起，無法形成漂亮的層次，所以要遵守時間。

⑤ 從④的斷面切成6～7mm寬的片狀（圖e）。

⑥ 在帆布上撒上糖粉，將⑤的麵團斷面朝上保持間隔排放在上面，再撒上大量糖粉，儘量擀薄（圖f～g）成為橢圓形。

⑦ 排放在烤盤上，為避免烤好後麵團翹起，用手按壓麵團（圖h）。放入180℃的烤箱中，約烤15分鐘讓麵團淡淡上色後，上面加放1片烤盤，再烤15分鐘，烘烤時間共計30分鐘。

⑧ 拿掉上面的烤盤，放入220℃的烤箱中，再烤3～4分鐘使其焦糖化。

＊焦糖化會加入苦味，成為「成人的風味」。

Jésuites
三角派

分量　120個份

千層酥皮麵團 pâte feuilletée（→P.130）—— 1/2條

＊麵團進行4次摺三折作業，靜置鬆弛備用。

蛋白糖霜 glace royale　成品420g

  ┌ 糖粉 sucre glace —— 330g
  │ 蛋白 blancs d'œufs —— 66g
  └ 檸檬汁 jus de citron —— 少量Q.S.

杏仁片 amandes effilées —— 120片

a

d

b

e

c

① 取出鬆弛好的麵團，用擀麵棍敲打後，擀成6mm厚的縱長形，進行第5次摺三折作業（→P.131‧9～11）。

② 將①的麵團旋轉90度，擀成3mm厚、30cm寬。

③ 將②用塑膠袋包好，放入冷藏庫中鬆弛30分鐘～1小時。再放入冷凍庫一下使其變硬，較易分切。

④ 製作柔軟的蛋白糖霜。在鋼盆中放入糖粉，慢慢加入蛋白，用木匙繞圈混拌（圖a）。混勻後加檸檬汁混合。糖霜混成能像絲帶狀緩慢落下即可（圖b）。

⑤ 在③的麵團中用抹刀塗滿④的蛋白糖霜（圖c）。

⑥ 切開成4×5cm的方形（圖d）。保持間隔排放在烤盤上，每片貼上1片杏仁片（圖e），放入170℃的烤箱約烤40分鐘。

＊烤好的基準是烤到周圍淡淡的上色。

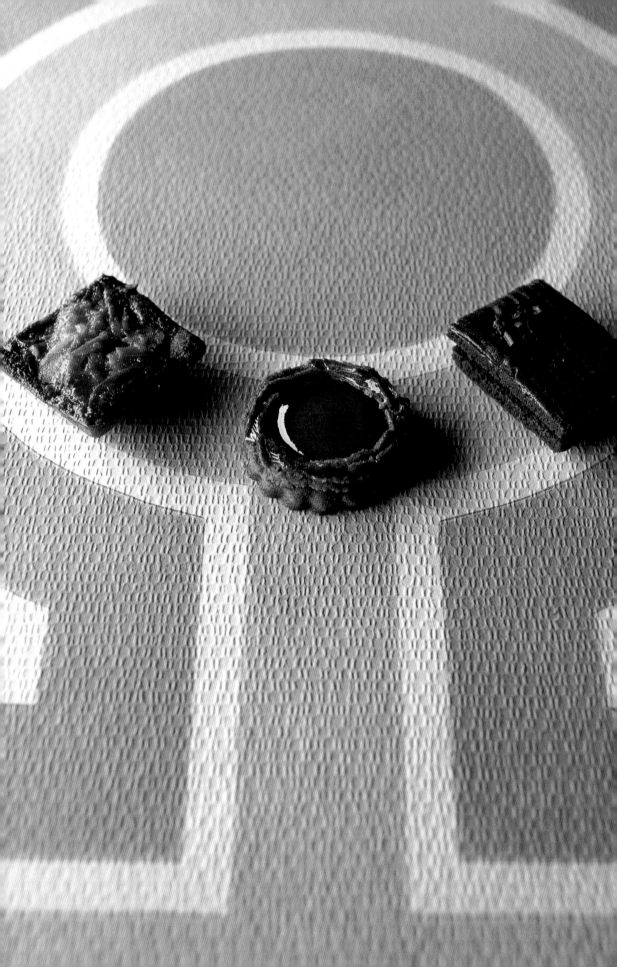

Pâte sucrée aux amandes
杏仁甜塔皮

甜塔皮是常被製作成口感脆硬、紮實的麵團。

那麼，新鮮類和乾燥類一口甜點，如何分別運用這個麵團呢。

新鮮類甜點我是用來當作「容器」或「基底」，

在裡面填入水果、奶油餡等新鮮的餡料。

而乾燥類甜點的用途也類似新鮮類的「容器」，

例如，我用它來「支撐」果醬等。

若在沙布蕾中暫放果醬等，沙布蕾就會受潮。

看來還是要用甜塔皮，否則不可能作為容器。

不過，果醬中50～55％brix的低糖度減糖果醬的水分多，

會滲入甜點體中，不能算是乾燥類甜點。

若用果醬，必須具備手工糖果類的65～70％brix的糖度。

那麼，以下要介紹3種甜點。

「醋栗圓餅」（→P.142）是用甜塔皮製作底座，以支撐醋栗凍。

脆硬、濃郁杏仁風味的塔皮和果凍酸味的對比

成為此甜點的美味重點。

「維也納方塊酥」（→P.144）是擠入覆盆子果醬，

上面再覆蓋混入糖漬水果的焦糖杏仁脆餅麵糊。

黏稠和鬆脆口感的落差，頗富趣味。

此外，具有巧克力甜塔皮、甘那許和可可粒（烤過的可可豆）

苦味三重奏的「巧克力甘那許餅乾」（→P.146），

其中所用的甘那許，和冷藏類蛋糕所用的不同。

考慮到水分不會滲入塔皮中，我製成水分少的配方，

乾燥類甜點使用甜塔皮時，和手工糖果類材料組合，

形成另一番風貌的乾燥類一口甜點。

Disque groseille
醋栗圓餅

分量　72個分

＊準備直徑4cm的軟木塞狀（側面呈條紋狀）切模。

杏仁甜塔皮
pâte sucrée aux amandes（→P.32）—— 基本分量的1/5量

防沾粉 fleurage —— 適量Q.S.

生杏仁膏 pâte d'amandes crue

> 杏仁糖粉 T.P.T（→P.203）—— 130g
> 水 eau —— 13g
> 蛋白 blanc d'œuf —— 13g
> ＊在小鋼盆中混合水和蛋白備用。

阿拉伯膠淋面
glaçage de gomme arabique（→P.88）—— 適量Q.S.

＊製作後以50～60℃保溫備用。

醋栗凍 gellée de groseilles（→P.200）—— 基本分量

＊熬煮讓糖度達70%brix，凝固備用。

1
將撒上防沾粉,鬆弛備用的杏仁甜塔皮擀成厚2mm(圖中是在不易沾黏的帆布上作業)。用直徑4cm的切模切取72個,排放在烤盤上。
＊切割剩下的麵團,可作為第二道麵團,以同樣方式擀開就可再使用一次。

2
製作生杏仁膏。在杏仁糖粉中,加入已和水混合的蛋白,用木匙充分混合。混合均勻即可。

3
用6切‧3號星形擠花嘴在1的麵團周圍,擠上2的生杏仁膏,在室溫中靜置約12小時備用。
＊長時間靜置,因為具保濕性、比重大的糖分會往下沉,表面確實變乾,外形輪廓變得鮮明,也能烤出漂亮的顏色。

4
「意識到加強上火」,將3放入190℃的烤箱中烘烤15分鐘。趁熱,用毛刷迅速薄塗保溫備用的阿拉伯膠淋面。

5
以中火煮沸醋栗凍使其回軟。用填充機等填入4的中央。
＊濃稠、具酸味的果凍,為口感酥脆、香味濃的杏仁餅,加入味道和口感的對比。

Carré viennois
維也納方塊酥

分量　56個份

＊準備所需份3.5cm四方（底面為2.5cm四方）的水果塔模型。

香料甜塔皮 pâte sucrée aux épices

> 無鹽奶油 beurre —— 90g
>
> 榛果杏仁糖粉
> T.P.T.noisettes（→P.203）—— 100g
>
> 鹽 sel —— 0.5g
>
> 蛋白 blanc d'œuf —— 24g
>
> 低筋麵粉 farine faible —— 100g
>
> 香草豆 pépins de vanille —— 0.5g
> ＊只使用刮下的種子。
>
> 肉桂（粉）cannelle en poudre —— 0.5g

防沾粉 fleurage —— 適量Q.S.

焦糖杏仁脆餅 florentin

> 鮮奶 lait —— 70g
>
> 白砂糖 sucre semoule —— 60g
>
> 蜂蜜 miel —— 15g
>
> 水飴 glucose —— 15g
>
> 杏仁片 amandes effilées —— 70g
>
> 糖漬櫻桃 bigarreaux confits —— 25g
> ＊bigarreaux是野生櫻桃的改良種。
> 使用染成紅色的市售糖漬櫻桃。
>
> 糖漬橙皮
> écorce d'orange confite（→P.295）hachée —— 70g
> ＊和糖漬櫻桃一起切碎備用。
>
> 低筋麵粉 farine faible —— 20g

帶籽覆盆子果醬 framboise pépins（→P.200）—— 100g
＊有種子的覆盆子果醬。

1
製作香料甜塔皮。將奶油混拌成稀軟的乳脂狀，加榛果杏仁糖粉，用打蛋器繞圈混拌。粗略地混合後加鹽混合。

2
一面慢慢加入蛋白，一面同樣地混合。

3
混合變細滑後，加低筋麵粉、香草種子和肉桂，改用橡皮刮刀同樣地混合。

4
混合完成後，用沾了防沾粉的手將麵團壓平，確認材料是否充分混合，用塑膠袋包好，放入冷藏庫鬆弛1小時。

5
製作焦糖杏仁脆餅。在鍋裡放入鮮奶、白砂糖、蜂蜜和水飴，以大火加熱，一面混合，一面融化砂糖煮至沸騰。

6
煮沸後熄火，加入杏仁片、分別切碎的糖漬櫻桃和糖漬橙皮，加入低筋麵粉用木匙混合。混合後即可。倒入鋼盆中備用。
＊涼了之後，會變硬成能舀取的程度。

7
在工作台上緊密排放模型備用。將 4 擀成2mm厚，用擀麵棍捲起鬆鬆地鋪在模型上，將揉圓的多餘麵團，沾上防沾粉，在模型上按壓凹陷的部分，讓麵團鋪入模型中。

8
用2根擀麵棍在 7 的模型上滾壓切斷麵團。
＊用2根擀麵棍作業，模型不會失衡，能有效率地切斷麵團。

9
用7號圓形擠花嘴，在 8 中擠入帶籽覆盆子果醬。

10
用茶匙將 6 的焦糖杏仁脆餅麵糊放在 9 上，均勻填滿帶籽覆盆子果醬的空隙。用180℃的烤箱烘烤26分鐘。
＊帶籽覆盆子果醬若浮在表面，烘烤時會溢出。

Ganache au chocolat
巧克力甘那許餅乾

分量　50個份

巧克力甜塔皮

pâte sucrée au chocolat

> 無鹽奶油 beurre —— 120g
> 糖粉 sucre glace —— 80g
> 蛋黃 jaune d'œuf —— 32g
> 鮮奶 lait —— 12g
> 檸檬汁 jus de citron —— 6g
> 低筋麵粉 farine faible —— 200g
> 可可粉 cacao en poudre —— 40g
> ＊法國法芙娜公司製的無糖可可粉。

防沾粉 fleurage —— 適量Q.S.

甘那許 ganache　以下取用1/3量

> 鮮奶油（乳脂肪成份45％）
> crème fraîche 45% MG —— 60g
> 鮮奶 lait —— 60g
> 轉化糖 trimoline —— 12g
> 黑巧克力（可可成分64％）
> chocolat noir 64% de cacao —— 150g
> ＊切碎備用。
> 無鹽奶油 beurre —— 30g

塗抹用蛋（全蛋）dorure（œuf entier）—— 適量Q.S.

可可粒 Grue de cacao —— 適量Q.S.

＊可可豆烘烤後大致切碎，除去外皮等。
法國法芙娜公司製。

1
製作巧克力甜塔皮。將奶油混拌成稀軟的乳脂狀。加糖粉繞圈混拌成泛白的乳霜狀為止。

2
在 1 中慢慢加入蛋黃混合，也加入鮮奶同樣混合。
＊加鮮奶能變成柔軟的口感，烤色也會變得較柔和。

3
再加入檸檬汁混合。
＊在巧克力中加入酸味，使味道更豐富。

4
將低筋麵粉和可可粉混合加入 3 中，改用橡皮刮刀（用打蛋器會變硬無法混合）充分混合。加入的可可粉讓麵團慢慢凝結變硬。混合完成後將麵團集中，用沾了防沾粉的手將麵團壓平，確認材料混合狀況，放入冷藏庫鬆弛1小時。

5
製作甘那許。在鍋裡放入鮮奶油、鮮奶和轉化糖煮沸後熄火，放入切碎的巧克力和奶油，約靜置2分鐘讓整體融合。

6
從中央用打蛋器如切碎般混合，混合到泛出光澤後擴大混合範圍。充分混合到整體乳化泛出光澤後即完成。用保鮮膜密貼覆蓋，放入冷藏庫冷藏到能擠製的硬度。

7
將撒了防沾粉的 4 的麵團擀成2.5mm厚、30cm寬。上面用有條紋花樣的擀麵棍擀出條紋花樣。切成40cm長後，用普通擀麵棍捲起，縱長鋪在30×40cm的烤盤上。

8
用抹刀切掉 7 的突出兩側的麵團邊端，修整外形，用塑膠袋覆蓋，放入冷藏庫冰硬較易分切。切成3×4cm，塗上塗抹用蛋。

9
在半量的麵團上，各放上1小撮的可可粒。用190℃的烤箱約烤13分鐘。途中，麵團若變乾，用刀從步驟 8 切好處再切1次，放入烤箱中，以免切口沾黏。烤好後放涼。

10
將沒放任何東西的烤好餅乾，上下翻面，用平口擠花嘴將 6 的甘那許擠成寬2.5cm。用放上可可粒的餅乾覆蓋夾住。

Sablés
沙布蕾

它的基本作法是先將奶油和粉類混合，搓揉成沙狀。
首先藉由油脂裏覆麵粉
來抑制令小麥蛋白質能和水結合之網目狀組織麵筋的形成，
烘烤後才能擁有酥鬆的口感。
沙布蕾是乾燥類一口甜點中不可或缺的甜點之一。
對我來說，至今讓我印象最深刻的沙布蕾，
是我在法國修業期間，造訪位於法國東南部
第戎附近伯恩（Beaune）城的手工糖果店，所見到的沙布蕾。
在老太太坐鎮的店內，我還記得它所散發出的芳香奶油味。
還有1960年代後半期，巴黎「馥香」推出的「巴黎沙布蕾」，也是令我懷念的滋味。
經由Monsieur Bonte主廚之手製作出的沙布蕾，
比這裡介紹的稍厚，上面沒放杏仁，
酥鬆口感中帶有濃厚滋味，杏仁風味比奶油更令人印象深刻。
我在巴黎希爾頓飯店擔任主廚時期，希望製作類似「馥香」味道的沙布蕾。
散發奶油、杏仁的風味。提到沙布蕾，在我心中它們是不可或缺的元素。
這裡介紹的三種甜點，我選擇的材料和作法均不同。
布列塔尼地區的沙布蕾之布列塔尼酥餅（Galette Bretonne），沒有加杏仁，
可是，同為布列塔尼地區，往南行就有加杏仁。
「南特沙布蕾」（→P.152）的確是南方的沙布蕾，我選擇它是因為有加杏仁。
「巴黎沙布蕾」（→P.150）使用杏仁糖粉製作，
而南特沙布蕾則採用生杏仁膏。
另一個「諾曼第沙布蕾」（→P.153）是使用水煮蛋的蛋黃。

Sablés parisiens
巴黎沙布蕾

分量　76個份

沙布蕾麵團 pâte à sablé

	低筋麵粉 farine faible ── 475g
	杏仁糖粉 T.P.T.（→P.203）── 225g
	糖粉 sucre glace ── 50g
	無鹽奶油 beurre ── 375g
	鮮奶 lait ── 37g
	防沾粉 fleurage ── 適量Q.S.

白砂糖 sucre semoule ── 適量Q.S.

蛋白 blanc d'œuf ── 少量une pointe

杏仁 amandes ── 76個

＊西班牙瓦倫西亞（València）品種。

1
在大理石上充分混合低筋麵粉、杏仁糖粉和糖粉，攤放成泉水狀。用擀麵棍敲打奶油後，捏碎使其變軟。

2
在 1 的粉類中央混合奶油，最初如捏握般融合粉類和奶油。大致混合後，也混合周圍的粉類。
＊奶油多的配方。用安裝勾狀拌打器的攪拌機混拌，奶油才不會因手的熱度變軟，成為最佳的狀態。

3
若奶油變細，用手搓成沙狀。

4
試著握住材料，讓油脂成分遍布、濕潤粉類即可。
＊首先油脂膜會裹覆麵粉，形成油脂的防護壁。因此，能抑制網目狀組織麵筋的形成，使沙布蕾成為酥鬆的口感。這正是「搓沙（sab-lage）」的目的。

5
加鮮奶大略混合，混成團即
可。
＊因為要呈現柔軟口感，略帶
黃色的柔和烤色，所以使用鮮
奶。

6
分割成每份300g，一面撒上防
沾粉，一面用手迅速揉成
50cm長的棒狀。製成300g共3
條。剩餘的265g也揉成同樣粗
的棒狀。4條橫向排放在板子
上，朝前後搓揉調整成均勻的
粗細。

7
在紙上放上6，蓋上塑膠袋，
放入冷藏庫鬆弛1小時，成為
容易分切的硬度。在稍微擰乾
的濕毛巾上滾動麵團，弄濕表
面。

8
在捲紙上平均撒上大量白砂
糖，在上面滾動7，讓麵團確
實沾滿砂糖。
＊砂糖若太少，無法烤出漂亮
的烤色。麵團上要確實沾滿砂
糖。

9
從斷面切成2.5cm寬。

10
將9的麵團斷面朝上，保持間
隔放在烤盤上。稍微暫放使其
泛潮，若成為按壓不會裂開的
硬度後，手指沾上白砂糖按壓
中央。
＊麵糊烘烤後會擴大，所以間
隔留寬一點。

11
取少量蛋白，以切斷纖維的輕
柔力道輕輕地打發。

12
將杏仁裹上蛋白，一個個黏在
10的麵團凹陷處。放入160℃
的烤箱中烤33～34分鐘。
＊因為要慢慢烘烤，所以採用
低溫。若以180℃烘烤會烤出
直筒形，無法成為梯形。

Sablés nantais (Nantais)
南特沙布蕾

分量　144片份

＊準備直徑5cm的軟木塞狀（側面呈條紋狀）切模。

無鹽奶油 beurre —— 520g

生杏仁膏

pâte d'amandes crue（→P.204）—— 640g

低筋麵粉 farine faible —— 620g

防沾粉 fleurage —— 適量Q.S.

塗抹用蛋（全蛋＋咖啡濃縮萃取液）

dorure（œuf entier＋trablit）—— 適量Q.S.

1

在大理石上，放上用擀麵棍敲打、軟化的奶油和生杏仁膏塊，最初如捏握般大致混合後，再如畫圓般繞圈混合，使其完全一體化，成為乳霜狀。
＊本來是用安裝上槳狀拌打器的攪拌機混合。該方法才不會傳出手的熱度，狀態最佳。

2

在1中加入已過篩的低筋麵粉，一面捏握，一面混拌粉類，混雜即可。

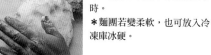

3

揉成團後，用塑膠袋包好壓平，放入冷藏庫中鬆弛1小時。
＊麵團若變柔軟，也可放入冷凍庫冰硬。

4

將3分成小份，撒上少許防沾粉，分別擀成5mm厚，用沾了防沾粉的切模共切144片。
＊若撒上多餘的粉，不易烤透，所以防沾粉要少撒一點。切割剩下的麵團和第一道麵團混合後可同樣使用。不可只用剩下的麵團。

5

將4排放在烤盤上，為呈現深烤色和光澤，用毛刷塗上加了咖啡濃縮萃取液的塗抹用蛋。

6

稍微變乾後，再厚塗第2次的塗抹用蛋，趁未乾之際，用2根竹籤畫上條紋花樣。放入180℃的烤箱中約烤20分鐘。

Sablés normands
諾曼第沙布蕾

分量　62個份

水煮蛋的蛋黃 jaunes d'œufs durs —— 4個份

無鹽奶油 beurre —— 275g

白砂糖 sucre semoule —— 150g

鹽 sel —— 1g

肉桂（粉）cannelle en poudre —— 1g

低筋麵粉 farine faible —— 300g

防沾粉 fleurage —— 適量Q.S.

1
用細目網篩過濾水煮蛋的蛋黃。

2
在用擀麵棍敲打、已軟化的奶油中，加入白砂糖、鹽和肉桂後混拌。

3
顏色混勻後，放在低筋麵粉上，一面不時捏碎，一面混合。

4
大致混合後，加入1的蛋黃同樣的混合。

5
混成團後，用沾了防沾粉的手壓平，確認材料是否均勻。用塑膠袋包好，放入冷藏庫鬆弛1小時。1小時後取出備用。
＊沙布蕾不需進行多餘的作業（過度混合、揉捏）。因為奶油最少也加入了粉類的半量，若太頻繁用手接觸的話會融化。

6
用6切·2號星形擠花嘴，在邊緣淺淺立起的厚烤盤上，將5擠成直徑約4cm的菊花形，共擠62個。用180℃的烤箱烤17分鐘，散發出麵粉的香味後即完成。

Palets
圓餅

Palets是「圓盤」的意思。

圓餅麵糊的配方近似4等份（奶油、麵粉、砂糖和蛋等比例），能夠擠製成形。

這裡將介紹的代表性口味是加入葡萄乾的「葡萄乾圓餅」（→P.159），

散發濃郁蛋香和檸檬風味的「檸檬圓餅」（→P.156），

以及裹上糖衣的「安那美特圓餅」（→P.158）。

採相同的作法，也有不用檸檬的覆盆子和黑醋栗的口味，

五顏六色的圓餅也能組成一套。

它的作法簡單，依不同味道、配方和餡料（混合料）來加以變化，

是常用於酒宴中的甜點，1967～70年間，在我修業的

巴黎小甜點店曾受委託製作。

當時，店裡圓餅的銷售量不多，也沒有包裝，

即使是空氣相當乾燥的法國，當然也會有濕氣，

圓餅雖是富魅力的甜點，

但那樣的銷售方式我覺得真是災難。

Palet au citron
檸檬圓餅

分量　58片份

檸檬糖糊 pâte de citrons　以下取用60g

    檸檬（連皮）citrons —— 288g

    糖粉 sucre glace —— 288g

    翻糖 fondant（→P.202）—— 144g

無鹽奶油 beurre —— 120g

糖粉 sucre glace —— 60g

全蛋 œuf entier —— 1個

磨碎的檸檬表皮 zeste de citron râpé —— 1個份

杏仁糖粉 T.P.T.（→P.203）—— 100g

低筋麵粉 farine faible —— 140g

杏桃果醬 confiture d'abricots（→P.199）—— 適量Q.S.

檸檬風味的覆面糖衣 glace à l'eau parfumée au citron

    翻糖 fondant —— 適量Q.S.

    波美度30°的糖漿 sirop à 30°B（→P.202）—— 適量Q.S.

    檸檬汁 jus de citron —— 適量Q.S.

1
製作檸檬糖糊。將縱切4等份的檸檬和糖粉放入果汁機中，按短磨按鈕粗磨後，攪拌到呈流動狀，再加翻糖。

2
攪拌到呈黏稠的乳霜狀。

3
在鋼盆中放入奶油，攪打成柔細的乳脂狀，加糖粉用打蛋器繞圈混拌。混成乳霜狀後，慢慢加入蛋同樣的混合。混合到散發光澤，變黏稠。

4
在3中，加入磨碎的檸檬表皮和2的檸檬糖糊後充分混合。混合後加杏仁糖粉，改用橡皮刮刀充分混合，再加低筋麵粉輕柔的混合。

5
混合變細滑後，刮下黏在側面的麵糊集中在中央。成為較硬的麵糊。

6
用10號圓形擠花嘴將5擠在烤盤上，擠成直徑約3cm的圓形，共擠58個，每個保持間距。放入180℃的烤箱約烤15分鐘。

7
杏桃果醬煮沸，用毛刷塗在6烤好的圓餅上，待乾備用。
＊杏桃果醬是為了形成防水膜，避免接著塗抹的覆面糖衣滲入圓餅中。

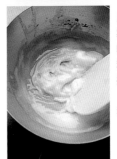

8
製作覆面糖衣。在鍋裡放入揉軟的翻糖，加入波美度30°的糖漿，一面不時加熱讓溫度保持在30℃以下，一面攪拌（→P.202「翻糖的回軟法」）。

9
若成為柔軟的流動狀，約加入4 dash裝在瓶裡的檸檬汁，再攪拌。用指頭沾取時質地呈透明感，不顯得白濁即可（→P.158・圖5）。

10
在已乾的7上，用毛刷塗上9的覆面糖衣，放入180℃的烤箱中約烤2分鐘使其散發光澤。
＊要留意過度加熱會變得白濁。

Anamité
安那美特圓餅

分量　63片份
無鹽奶油 beurre —— 100g
生杏仁膏
pâte d'amandes crue（→P.204）—— 190g
白砂糖 sucre semoule —— 75g
蛋白 blancs d'œufs —— 3個份（約90g）
低筋麵粉 farine faible —— 100g
杏桃果醬
confiture d'abricots（→P.199）—— 適量Q.S.
蘭姆糖膠 glace au rhum
翻糖 fondant（→P.202）—— 適量Q.S.
　　波美度30°的糖漿 sirop à 30°B（→P.202）
　　—— 適量Q.S.
　　蘭姆酒 rhum —— 適量Q.S.

1
如用手握捏般，混合用擀麵棍敲擊、軟化的奶油和生杏仁膏，顏色大致混勻後，加白砂糖用打蛋器繞圈混拌。

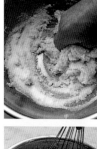

2
整體混勻後，慢慢加入蛋白同樣混合至泛白為止。
＊慢慢加入蛋白才不會結塊，也能適度混入空氣。

3
加入低筋麵粉，改用橡皮刮刀充分混合。在烤盤上，用10號圓形擠花嘴擠成直徑約3cm的圓形，共擠63個，每個保持間距，放入180℃的烤箱中烤14～15分鐘。

4
杏桃果醬煮沸後，用毛刷塗在3烤好的圓餅上，待乾備用。

5
參考「檸檬圓餅」的8～9（→P.157），製作蘭姆糖膠。但是，加入4 dash蘭姆酒代替檸檬汁。用指頭沾取時呈透明感，不顯得白濁即可。

6
在4上用毛刷塗上5的蘭姆糖膠，放入180℃的烤箱中約2分鐘烤乾，使其散發光澤。
＊圓餅無法避免多少有損傷，不過若不烤乾，重疊時會破損。

Palet de dame au raisin
葡萄乾圓餅

分量 85片份

無鹽奶油 beurre —— 125g

白砂糖 sucre semoule —— 125g

全蛋 œufs entiers —— 125g

柯林特葡萄乾 raisins de Corinthe secs —— 150g

低筋麵粉 farine faible —— 150g

1
奶油攪打成柔細的乳脂狀，加白砂糖後，用打蛋器繞圈混拌至泛白為止。多少殘留粗糙的砂糖無妨。

2
在1中慢慢加入蛋同樣的混合。混合最初會不太均勻，不過待融合後，再加入下一個的蛋。

3
混合變黏稠後，加入柯林特葡萄乾大略混合，立即加入低筋麵粉，改用橡皮刮刀充分混合。麵粉混勻後，將黏在盆邊的麵糊乾淨地刮下，集中在中央。

4
在烤盤上，用10號圓形擠花嘴將麵糊擠成直徑3cm的圓形，每個保持較寬的間距，放入180℃的烤箱中烘烤13分鐘。

Tuiles
瓦片酥

瓦片酥的特點是要讓它彎曲，不過並非只讓它彎曲就行了。

雖然所有甜點都必須具備美味的烤色，但是瓦片酥的

整體烤色還需要有光澤，一定要看起來美觀又可口。

因為要彎曲，就得精準掌控烤成的狀態。

若麵糊烤到變乾，之後就無法彎曲了。可是烤得顏色偏白，

乍看起來瓦酥片乾燥不易氧化，但奶油卻變得容易氧化。

一定要充分加熱，注意將奶油烤成「榛果奶油（焦化奶油）」。

烤得偏白和充分烘烤的瓦片酥，一段時間後你可以試吃比較看看，

應該就能明白兩者的差異。

另外「柳橙瓦片酥」（→P.162），為了讓人在視覺上也能感受到「柳橙」，

我添加了色素，烤出誘人美味的色澤。

瓦片酥也能表現堅果如何製作出讓人食用的甜點。

柳橙瓦片酥中我加入杏仁粒和糖漬橙皮，讓它的口感略黏稠，

「杏仁瓦片酥」（→P.164）是混入杏仁片，口感酥脆。

而「可可瓦片酥」（→P.165）則加入椰絲，

完成後呈現卡哩卡哩的輕快嚼感。

Tuiles à l'orange
柳橙瓦片酥

分量　173片份

＊準備厚2mm、直徑5cm的圓片狀模型。

無鹽奶油 beurre ——— 150g

白砂糖 sucre semoule ——— 250g

低筋麵粉 farine faible ——— 125g

12切杏仁 amandes concassées ——— 75g

切碎的糖漬橙皮
écorce d'orange confite（→P.295）hachée ——— 75g

蛋白 blancs d'œufs ——— 180g

紅色色素 colorant rouge ——— 適量Q.S.

黃色色素 colorant jaune ——— 適量Q.S.

＊色素分別用少量水溶解備用。

1
先製作融化奶油。在鍋裡放入奶油開火加熱，奶油融化後離火。
＊融化奶油在「製作前須知」（→P.7）中，曾說明是使用前製作，但這裡使用大量奶油，所以特別說明。

2
在鋼盆中放入白砂糖、低筋麵粉、12切杏仁和切碎的糖漬橙皮，先用木匙混合。

3
粗略混合後，用手如搓揉般充分混合成沙狀。

4
在3中加入蛋白大略混合。

5
蛋白的水分和麵粉融合後，加入1的融化奶油同樣的混合。

6
一面觀察顏色，一面在5中加入紅和黃色的色素混合成橘色（這時加紅色色素約4～5滴、黃色約7～8滴）。

7
在烤盤塗上許多澄清奶油（分量外），放上圓片狀模型。
＊因為這是蛋白多容易沾黏的麵糊，所以要多抹油。圓片狀模型是用橡膠薄片鏤空的自製模型。

8
用抹刀舀取6的麵糊。填入7的圓片狀模型中，用抹刀抹均勻。再拿掉模型。
＊要是模型具有厚度，拿掉模型時，麵糊會外擴，導致中央凹陷下去。

9
放入180℃的烤箱中烤10～12分鐘。烤好後。趁熱用三角抹刀一片片挑起瓦片酥。

10
挑起瓦片酥後，烘烤面朝下，放入寬約5cm的半圓柱模型中，讓瓦片酥呈瓦狀彎曲。變硬後取出。瓦片酥重疊時發出卡沙卡沙的聲音，是瓦片酥適度烘烤的證明。

Tuiles aux amandes
杏仁瓦片酥

分量　127片份

＊準備厚2mm、直徑5cm的圓片狀模型。

無鹽奶油 beurre —— 75g

蛋白 blancs d'œufs —— 150g

白砂糖 sucre semoule —— 250g

杏仁片 amandes effilées —— 250g

香草棒 gousse de vanille —— 1/4根

低筋麵粉 farine faible —— 75g

鮮奶（成形用）lait pour abaisser —— 適量Q.S.

1
先製作融化奶油（→P.163
・1）。在鋼盆中放入蛋白和
白砂糖，用打蛋器打發到呈白
濁、黏稠。

2
在1的鋼盆中，加入杏仁片和
切開刮取出的香草種子，用橡
皮刮刀混合。

3
加入低筋麵粉混合，混合到看
不到麵粉後，也加入1的融化
奶油，如切割般混合。在塗了
大量澄清奶油（分量外）的烤
盤上，放上圓片狀模型。

4
將麵糊填入圓片狀模型中，用
沾了鮮奶的叉子前端如敲擊般
延展麵糊。再拿掉模型。
＊用抹刀無法延展。因為麵糊
黏稠，所以叉子要沾水，但是
只能沾取最少水分。雖然可以
用水，不過要呈現富光澤的烤
色，所以採用鮮奶。

5
放入180℃的烤箱中烤10～12
分鐘。上色後，用三角抹刀挑
起，烘烤面朝下，放入寬約
5cm的半圓柱模型中（→P.163
・10），讓瓦片酥呈瓦狀彎
曲。變硬後即取出。
＊有厚度，烤色不均勻的瓦片
酥，再次烘烤後再彎曲。

Tuiles à la noix de coco
可可瓦片酥

分量　102片份

＊準備厚2mm、直徑5cm的圓片狀模型。

白砂糖 sucre semoule —— 140g

低筋麵粉 farine faible —— 15g

椰絲 coco fil —— 250g

＊使用斯里蘭卡產的無漂白椰絲。

蛋白 blancs d'œufs —— 38g

鮮奶 lait —— 15g

鮮奶油（乳脂肪成份45％）
crème fraîche 45% MG —— 150g

鮮奶（成形用）lait pour abaisser —— 適量O.S.

1
在鋼盆中放入白砂糖、低筋麵粉和椰絲混合。

2
在1中加入蛋白、鮮奶和鮮奶油，每次加入都要混合。哪種液體先加都無妨。這是讓粉類吸收水分的作業。

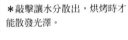

3
在烤盤塗上大量澄清奶油（分量外），放上圓片狀模型。和「杏仁瓦片酥」（→P.164）的4同樣作法，在圓片狀模型中放入2的麵糊，用沾了鮮奶的叉子前端敲擊延展。再拿掉模型。

＊敲擊讓水分散出，烘烤時才能散發光澤。

4
重疊2片烤盤，放入170℃的烤箱中烤12～15分鐘。上色後用三角抹刀挑起，烘烤面朝下放入寬約5cm半圓柱模型中。變硬後取出。麵粉量少容易破損，要注意處理。

＊椰子較難均勻受熱，所以重疊烤盤，讓溫度降低來烘烤。

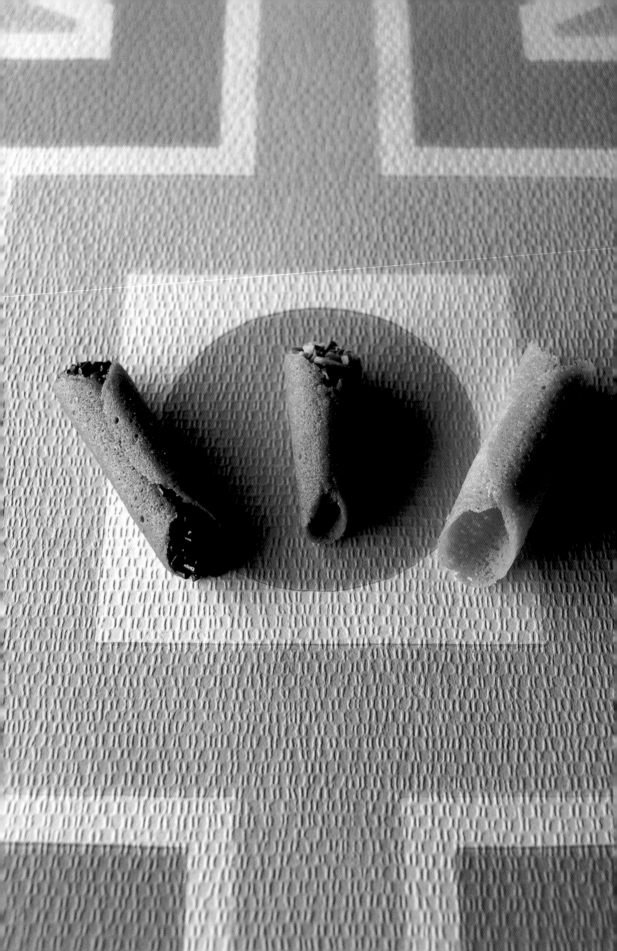

Cigarettes
雪茄餅

這個麵糊中一定要加入奶油，
不過配方中加入許多蛋白等液體，具有流動性。
因為要捲成棒狀等，所以必須烤得很薄，
接近固態的麵糊無法烤成薄片，
相對於同為薄片的「圓餅」（→P.154），大多數是使用全蛋，
這個麵糊中只用蛋白，基本上不太有氣泡。
在這裡我試著在配方中加入餡料增加變化，以呈現趣味性。
以下我將介紹散發奶油香味，質地較粗、
口感酥脆的「俄羅斯雪茄餅」（→P.168），
還有質地細緻，口感稍硬的「榛果捲心酥」（→P.170），
以及具有濃厚榛果味的「堅果甜筒酥」（→P.171）。

Cigarettes russes
俄羅斯雪茄餅

分量　168個份

＊準備厚2mm、直徑5cm的圓片狀模型。

杏仁糖粉 T.P.T.（→P.203）—— 200g

低筋麵粉 farine faible —— 100g

鮮奶油（乳脂肪成份45%）

crème fraîche 45% MG —— 75g

蛋白 blancs d'œufs —— 75g

白砂糖 sucre semoule —— 75g

融化奶油 beurre fondu —— 75g

黑巧克力（可可成分53%）

chocolat noir 53% de cacao —— 適量Q.S.

＊調溫後備用（→P.50・1）。

巧克力米 vermicelle de chocolat —— 適量Q.S.

＊細長的巧克力米。

1
在鋼盆中放入杏仁糖粉和低筋麵粉混合，混成中央凹陷的泉水狀。在凹陷處放入鮮奶油。使用橡皮刮刀面混合，讓整體吸收水分，混成塊狀即可。

2
在攪拌缸中放入蛋白，以高速打發。整體覆蓋粗泡沫後，一面慢慢加入白砂糖，一面攪拌。
＊蛋白和砂糖採1：1的比例，蛋白霜能散發光澤，不過太厚重很難用手打發，所以用攪拌機打發。

3
攪打到蛋白變黏稠，殘留許多鋼絲拌打器攪打的條紋狀痕跡，就停止攪拌機。

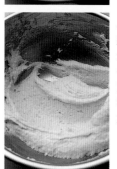

4
將3的蛋白霜分成三分之一量陸續加入1中，用刮刀混合。為了不結塊，最初用刮刀面充分混合，之後輕柔的混合。顏色混合均勻後，再加入下一次的蛋白霜。
＊一口氣加入會結塊。

5

將涼至人體體溫程度的融化奶油一次加入 4 中，同樣的混合，使其融合。

＊奶油太熱蛋白會凝固，所以要涼至人體體溫程度。

6

在烤盤放上圓片狀模型，舀取 5 的麵糊填入模型中，用抹刀抹平。拿掉模型，放入190℃的烤箱中烤6～7分鐘。

＊雪茄餅要捲在棍子上，所以烤到淡淡上色即可，勿烤到變硬。

7

烤好後一片片剝下。

8

烘烤面朝下放置，立刻以直徑1～1.5cm的圓棍捲成筒狀。捲好後從上面輕輕按壓，抽出圓棍，取下雪茄餅，放涼備用。

＊雪茄餅捲好後不取下，會變硬難抽出。從上面按壓能形成方便抽取的空間。

9

將 8 的兩端沾上調溫過的巧克力。

10

趁 9 的巧克力還未凝固，視個人喜好沾上巧克力米。待巧克力凝固後，裝入罐子等中。

＊也可以不沾巧克力或巧克力米。「russes」是俄羅斯人的意思，意味著雪茄餅有較淡白的外觀（烤色）。

Roulaux aux noisettes
榛果捲心酥

分量　187個份

＊準備厚2mm、直徑5cm的圓片狀模型。

無鹽奶油 beurre —— 125g

白砂糖 sucre semoule —— 135g

榛果杏仁糖粉 T.P.T.noisettes（→P.203）—— 80g

蛋白 blancs d'œufs —— 150g

低筋麵粉 farine faible —— 135g

即溶咖啡 café soluble —— 5g

牛奶巧克力（可可成分35%）
chocolat au lait 35% de cacao —— 300g

＊使用調溫（→P.50・1）過的300g。
進行調溫至少需要1kg。

深色堅果醬
praliné foncé（→P.209）—— 600g

巧克力米
vermicelle de chocolat —— 適量Q.S.

＊細長的巧克力米。

1
奶油攪拌成能流動程度的柔軟乳脂狀。加白砂糖繞圈混拌，混拌到還殘留砂糖顆粒的程度即可。

4
烤好後一片片剝下，上下翻面後將烘烤面朝下，一翻面立刻用粗1～1.5cm的圓棍捲成筒狀。捲好後從上面輕輕按壓，抽出圓棍，取下捲心酥，放涼備用。

2
加榛果杏仁糖粉，粗略繞圈混合，加蛋白混合。再加低筋麵粉和即溶咖啡混合。

5
在深色堅果醬中加入調溫過的牛奶巧克力，靜靜的繞圈混合，攤放在大理石上，用三角抹刀舀取抹開，放涼至能擠製的硬度。再放回鋼盆中。

3
在烤盤放上圓片狀模型，舀取2的麵糊填入模型中，用抹刀抹平。拿掉模型，放入190℃的烤箱中烤6～7分鐘。

6
從4的捲心酥兩端，用5號圓形擠花嘴擠入5。趁5未凝固，在兩端沾上巧克力米。靜置一晚待擠入的巧克力凝固後，裝入罐子等容器中。

Cornets pralinés
堅果甜筒酥

分量　170個份

＊準備厚2mm、直徑4cm的圓片狀模型和
數根口徑30mm、長8cm的圓錐狀模型。

無鹽奶油 beurre —— 75g

白砂糖 sucre semoule —— 81g

杏仁糖粉 T.P.T.（→P.203）—— 48g

蛋白 blancs d'œufs —— 100g

低筋麵粉 farine faible —— 75g

牛奶巧克力（可可成分35%）
chocolat au lait 35% de cacao —— 200g

＊使用調溫（→P.50・1）過的200g，
進行調溫至少需要1kg。

深色堅果醬 praliné foncé（→P.209）—— 400g

開心果 pistaches hachées —— 適量Q.S.

＊大致切碎備用。

1
奶油攪拌成能流動程度的柔
軟乳脂狀。加白砂糖繞圈混
拌。依序加入杏仁糖粉和蛋
白混合，再加低筋麵粉同樣
的混合。
＊蛋白較難混合，所以少量
慢慢加入混合。

2
在烤盤放上圓片狀模型，舀
取1的麵糊填入，用抹刀抹
平。拿掉模型，放入190℃
的烤箱中烤6～7分鐘。

3
烤好後，迅速將2的烘烤面
朝外，捲成圓錐形插入圓錐
狀模型中。

4
因為立即定形，所以從上方敲
擊圓錐狀模型口一次後，將模
型倒叩倒出甜筒酥。重複步驟
3、4的作業。全部成形後放
涼。

5
在深色堅果醬中加入調溫過
的巧克力，靜靜的繞圈混
合，攤放在大理石上，用三
角抹刀舀取抹開，放涼至能
擠製的硬度。再放回鋼盆
中。用7號圓形擠花嘴擠入
4中。

6
將5貼上現切碎的開心果做
裝飾。靜置一晚待擠入的堅
果醬凝固後，裝入罐子等容
器中。

Petit four sec aux épices
香料風味的乾燥類一口甜點

我試著在這裡蒐集加入香料的甜點。

小盤裡盛裝哪些甜點會令人期待呢。

甜塔皮類、雪茄餅、圓餅……都有各種不同的變化，充滿趣味。

裡面若有香料口味的話，想必更加令人開心。

肉桂風味的「肉桂夾心酥」（→P.174），

法文名Fiche原是「紙張」「卡片」的意思，外形呈四角形。

它是運用奶油為主體的「圓餅」（→P.154）般的麵團，

搭配榛果杏仁糖粉，呈現酥脆的口感。

裡面雖夾入草莓果醬，但肉桂組合草莓的感覺不錯。

「希臘杏仁酥」（→P.176）是我在巴黎希爾頓飯店時曾做過的甜點，

當時不是用杏仁膏，而是混合摩卡風味的卡士達醬。

硬麵團裡不用蛋，而用水黏結粉類，各種香料的香味比較濃郁。

重點是放在上面的焦糖化杏仁的香味。

「香料夾心餅」（→P.178）採用類似沙布蕾麵團，使核桃美味更鮮活。

味道濃厚的夾心餅中散發淡淡的香料味，果醬的酸味成為亮點。

加入香料的夾心餅剛出爐時還帶有少許粉。

不過，特徵是1～2天後味道才會融合，所以最好待日後再享用。

Fiche
肉桂夾心酥

分量　80～82個份

無鹽奶油 beurre —— 180g

白砂糖 sucre semoule —— 40g

榛果杏仁糖粉 T.P.T.noisettes（→P.203）—— 200g

全蛋 œufs entiers —— 100g

鮮奶 lait —— 15g

低筋麵粉 farine faible —— 300g

肉桂（粉）cannelle en poudre —— 8g

草莓果醬 confiture de fraises —— 320～330g

＊使用和草莓果醬等量的白砂糖、果醬1.5％的果膠，
和杏桃果醬同樣製作（→P.199）。

1

將奶油混拌成細滑的乳脂狀。
加白砂糖繞圈混拌至泛白為
止。
＊若使用攪拌機，則安裝勾狀
拌打器混拌。

2

加榛果杏仁糖粉同樣的混合到
均勻為止。

3

慢慢加入打散的蛋汁混合，待
少量蛋汁融合後，再加入下次
的蛋汁。
＊蛋是混合鮮奶，慢慢少量加
入即可。

4

接著加鮮奶，混合直到麵糊融
合看不到水分為止。
＊鮮奶讓夾心酥有柔軟的口
感，烘烤時呈泛黃的烤色。

5

混合低筋麵粉和肉桂加入 4
中，混合直到均勻為止。

6

用寬20mm的擠花嘴，擠成23
條、35cm長的麵糊，放入冷
凍庫冷凍成能切割的硬度。
＊若使用輪刀，不冷凍也能馬
上切割。

7

切除兩端，1條分切成7等份
（約5cm寬）。放入170℃的
烤箱中烤18分鐘。放涼至微溫
後，將一半量上下翻面。

8

在翻面的酥餅上，用9號圓形
擠花嘴約擠上4g的草莓果醬，
再蓋上另一片。
＊肉桂和草莓的組合非常對
味。

Grecque aux amandes
希臘杏仁酥

分量　48個份

＊準備直徑6cm的切模。

無鹽奶油 beurre ── 140g

紅糖 cassonade ── 250g

＊未精製的紅砂糖（粗糖）。

鹽 sel ── 1小撮une pincée

低筋麵粉 farine faible ── 250g

泡打粉 levure chimique ── 3g

綜合香料（粉）quatre-épices en poudre ── 10g

＊從肉荳蔻（muscade）15g、八角（anis）2g、丁香girofle 1g
和小荳蔻（cardamome）1g的混合粉末中取用10g。

肉桂（粉）cannelle en poudre ── 10g

水 eau ── 40g

防沾粉 fleurage ── 適量Q.S.

焦糖杏仁 amandes effilées caramélisées

　杏仁片 amandes effilées ── 50g

　波美度30°的糖漿 sirop à 30°B（→P.202）── 50g

造型杏仁膏

massepain pâtisserie（→P.206）── 480g

咖啡液 café liquide ── 適量Q.S.

＊濃咖啡液。咖啡粉café moulu（→P.17）和熱水eau chaude，
以1：2的比例混合，放涼後使用。

糖粉（作為防沾粉）

sucre glace pour fleurage ── 適量Q.S.

[乾燥類一口甜點] 香料風味的乾燥類一口甜點

1
奶油混拌成柔軟的乳脂狀。

2
在1中加入紅糖，用打蛋器
繞圈混拌至泛白為止。加鹽
1小撮混合，使麵團更有彈
性。
＊加粒子粗的濃郁紅糖，甜
點烤好後口感香脆、紮實。

3
將低筋麵粉、泡打粉、綜合
香料和肉桂混合，分3〜4次
加入2中混合。
＊因麵粉分量多，所以慢慢
加入較易混合。

4
這是厚重的麵團，當混合至
一個程度時，最後要用手混
合。
＊麵團太厚重，用打蛋器無
法混合。

5
在 4 中加水，攪拌混合水和粉類。水和粉類融合後，取出放在大理石上混拌。

6
混勻後揉成團，用塑膠袋包好，放入冷藏庫鬆弛1小時。

7
將撒上防沾粉的 6 擀成2mm厚，用直徑6cm的切模切取48片。排放在2片重疊的烤盤上，放入180℃的烤箱中烤15分鐘。
＊切割剩餘的麵團揉成團作為第2道麵團，可以同樣作法再擀平一次，用切模切取。

8
待 7 烤好後，立即烘烤面朝下放入寬約5cm的半圓柱模型中讓它彎曲，涼了之後取出放在網架上。

9
在烤麵團之際，製作焦糖杏仁。將等量的杏仁片和波美度30°的糖漿混合，攤放在烤盤上。將2片烤盤重疊，放入180℃的烤箱中約烤35～40分鐘使其焦糖化，放涼備用。

10
在大理石上撒上糖粉取代防沾粉，放上造型杏仁膏，加入咖啡液混合直到呈咖啡色。
＊之所以不採用手工杏仁糖（→P.205），而使用砂糖多的造型杏仁膏，是因為後者不易釋出油分。

11
揉搓成棒狀，切成每份10g。分別滾揉，揉圓邊角，修整成約3.5cm長。

12
在 8 的酥片上，放上 11 的杏仁膏，修整外形。再分別放上3片 9 的焦糖杏仁後按壓，使其貼在杏仁膏上。

Langues aux épices
香料夾心餅

分量　49個份

＊準備長徑5cm、短徑3.5cm的橢圓形切模。

無鹽奶油 beurre ── 160g

糖粉 sucre glace ── 50g

低筋麵粉 farine faible ── 240g

杏仁糖粉 T.P.T.（→P.203）── 108g

肉桂（粉）cannelle en poudre ── 4g

肉荳蔻（粉）muscade en poudre ── 2g

全蛋 œuf entier ── 30g

鹽 sel ── 2g

防沾粉 fleurage ── 適量Q.S.

塗抹用蛋（全蛋＋咖啡液）dorure（œuf entier＋café liquide）── 適量Q.S.

＊蛋汁中加入少量咖啡液café liquide（參照→P.176的分量表）混合。

核桃（切半）noix ── 25個

＊縱切一半後再切成1/4。

帶籽覆盆子果醬 framboise pépins（→P.200）── 約100g

＊有種子的覆盆子果醬。

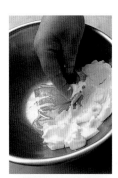

1
在鋼盆中放入從冷藏庫剛取出的奶油，稍微加熱一下成為有點回軟的硬度。

6
將5撒上防沾粉，在帆布上先擀成5mm厚，再用條紋花樣的擀麵棍碾壓，一面壓出條紋，一面擀成約3mm厚。

2
在1中放入糖粉、低筋麵粉、杏仁糖粉、肉桂和肉荳蔻，如沙布蕾麵團般搓揉混合成沙狀（→P.150・2～3）。

7
用橢圓形切模，切取98片。
＊切剩的麵團揉成團，可以作為第2道麵團再使用一次。

3
全蛋打散和鹽混合備用，加入呈沙狀的2中。

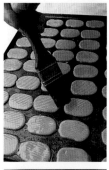

8
在用噴霧器噴濕的烤盤上，排放切下的麵團，塗上加了咖啡的塗抹用蛋。乾了之後塗抹第2次的塗抹用蛋。
＊在塗抹用蛋中加入咖啡液，以補強烤色。

4
如捏握般混合。
＊若用攪拌機，要安裝勾狀拌打器攪拌。

9
將一小片核桃放在8的半量餅乾上，如抵住烤盤般用力按壓。放入180℃的烤箱中烤22～23分鐘，放涼備用。
＊核桃若不用力按壓，烘烤時會脫落。

5
取出放在大理石上，用沾了防沾粉的手按壓，確認混合均勻後揉成團，用塑膠袋包好，放入冷藏庫鬆弛1小時。

10
用9號圓形擠花嘴，在9未放核桃的餅乾上，各擠2g的帶籽覆盆子果醬。再放上有核桃的餅乾夾住。

Pâte à meringue n°1
蛋白霜 1

以下將介紹使用法式蛋白霜、瑞士蛋白霜及義式蛋白霜

3種蛋白霜為主體的各式變化甜點。

法式蛋白霜的氣泡比其他的粗疏，口感最柔軟。

使用這個蛋白霜的「杏仁蛋白餅」（→P.182）是以湯匙舀取，

目的在呈現烤好後外形的趣味性。「Cuillère」原是湯匙的意思。

瑞士蛋白霜是隔水加熱後打發，所以質地細緻，烘烤後變得容易粉碎。

因質地綿密不易烤透，所以用烘箱（保溫・乾燥庫）慢慢加熱烤乾。

「瑞士可可」（→P.183）是在瑞士蛋白霜中加入椰絲，增加口感和香味的變化。

義式蛋白霜則是加入熱糖漿製成，在製作蛋白霜時需加入熱度，

成品乾燥、口感鬆脆。比其他的蛋白霜甜點可保存得更久。

使用義式蛋白霜的「東京酥」（→P.184），

用加入可可膏的蛋白餅，夾入苦味的甘那許。

3種蛋白霜都加入蛋白2倍以上的砂糖，所以很甜。

基本上，都以低溫慢慢烤到裡面呈焦糖色為止。

若不這麼做，就變成只有甜味的甜點。

一般是和苦味的餡料組合，

在口感上加入變化，以增添其他的美味。

Meringue à la cuillère
杏仁蛋白餅
——使用法式蛋白霜

分量　88個份

蛋白 blancs d'œufs —— 125g

白砂糖 sucre semoule —— 125g

糖粉 sucre glace —— 125g

杏仁片 amandes effilées —— 176片

1
用攪拌機以高速開始打發蛋白。立刻加入四分之一量的白砂糖，攪打泛白後，再加入剩餘的砂糖。
＊蛋白打發至某程度後，再加砂糖，質地會變粗。根據砂糖的加入時間點，蛋白霜也會變得不同。

2
打發成氣泡綿密、質地硬挺的蛋白霜。

3
從攪拌機上取下，加入糖粉，用橡皮刮刀如切割般混拌，充分混勻即可。
＊加入蛋白和等量的砂糖，打發成硬挺的蛋白霜，即使混合氣泡也不易破滅。

4
完成有光澤的蛋白霜。

5
用茶匙舀取後，用手指撥至烤盤上。

6
在 5 上各放2片杏仁片，放入120℃的烤箱中烤2小時使其變乾。
＊烤到中心都成焦糖化的芳香狀態。因為加入蛋白2倍的砂糖，若不烤至這種程度，就會只徒有甜味。

Coco suisse
瑞士可可
—— 使用瑞士蛋白霜

分量　95個份

蛋白 blancs d'œufs —— 120g

白砂糖 sucre semoule —— 250g

糖粉 sucre glace —— 50g

椰絲 coco fil —— 125g

＊使用斯里蘭卡產的無漂白椰絲。

1

在攪拌缸中放入蛋白和白砂糖，一面混合，一面隔水加熱至50℃。

＊因上下方溫度有差異，所以要一面混合，一面加熱。

2

用攪拌機以高速攪拌 1。

3

攪拌至人體體溫程度。完成富光澤、質地細緻的蛋白霜。

4

從攪拌機上取下，加糖粉和椰絲，用攪拌匙如切割般混拌，以免氣泡消失。

5

用茶匙舀取 4 放在烤盤上。放入70℃的烘箱（保溫・乾燥庫）中24小時讓它乾燥。下面再重疊1片烤盤，放入240℃的烤箱中烤2～3分鐘，迅速增加烤色。

＊多變的外形充滿趣味。

Tonkinois
東京酥
—— 使用義式蛋白霜

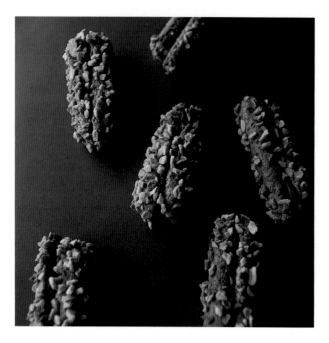

分量　103個份

白砂糖 sucre semoul —— 300g

水 eau —— 100g

蛋白 blancs d'œufs —— 126g

杏仁糖粉 T.P.T.（→P.203）—— 150g

可可膏 pâte de cacao —— 90g

＊以30～40℃融化備用。

12切杏仁 amandes concassées —— 適量Q.S.

甘那許 ganache

$\Big[$　水 eau —— 250g

　糖粉 sucre glace —— 120g

　可可粉 cacao en poudre —— 120g

　＊使用法國法芙娜公司製的無糖可可粉。

　起酥油 produit blanc —— 40g

　＊使用以椰子脂製作的「cocolin」。

$\Big[$　櫻桃白蘭地 kirsch —— 20g

1
在鍋裡放入白砂糖和水，加熱至118～120℃。

2
待1開始沸騰後，用攪拌機以高速開始打發蛋白。1達到指定溫度後，攪拌機暫時減速，一面加入1的糖漿，一面攪拌。糖漿全部倒入後，改回用高速攪打。

3
溫度達42～43℃後，改以中速攪打成人體體溫程度，成為光澤略暗淡的蛋白霜。
＊若用高速攪打到最後，蛋白霜的質地會過度綿密。可是若蛋白霜還熱即停止攪打，烘烤後容易離水（指蛋白質和水分分離）。

4
從攪拌機上取下3，放入杏仁糖粉，用攪拌匙如切割般混拌。

5

粗略混合後，加入以30～40℃融化的可可膏，同樣的混合。

6

在烤盤上，用8號圓形擠花嘴將5擠成寬1cm、長6～7cm的棒狀，共擠206根。

7

在烤盤後方放上12切杏仁，將烤盤向前傾讓杏仁粒沾覆麵糊整體。去除多餘的杏仁，放入160℃的烤箱中烤40分鐘，放涼備用。

＊裡面不必烤至焦糖化，比起其他的蛋白霜也殘留較多的水分。

8

用水製作甘那許。在鍋裡放入水、糖粉和可可粉，以大火加熱。一面混合，一面煮沸，泛出光澤後離火。

＊為避免焦底，一面加熱，一面混合。以無糖的可可粉呈現苦味。

9

加入起酥油。

＊加入用椰子脂製的「coco-lin」，沒有異味，能像肥皂般凝固。若用奶油，擠製後麵糊會出水。因為是乾燥類一口甜點，所以用融點高的油脂，以利確實凝固。

10

起酥油融化後，加入櫻桃白蘭地混合。密貼蓋上保鮮膜，以冰水冷卻成能擠製的硬度。也可以半天前製作備用。

＊加入櫻桃白蘭地，目的是減輕可可的味道。也可以使用其他的洋酒。

11

將7的半量東京酥翻面，用5號圓形擠花嘴擠上10的甘那許，再蓋上其餘的東京酥夾住。

Pâte à meringue n°2
蛋白霜2

依不同的打發狀態，蛋白霜會變得截然不同。

這裡將介紹，以不同的打發狀態、杏仁糖粉的配方等

做出不同質感的蛋白霜為底材，所製作的甜點。

「占度亞榛果巧克力醬」（→P.188）原名中的doigt de dame是婦人手指的意思。

配方以奶油和杏仁為主體，還加入奶油倍量的杏仁糖粉。

因麵粉少、蛋白霜多，所以特色是風味清爽。

「鏡面餅」（→P.190）的原名miroirs是鏡子的意思。

在充分打發的蛋白中，混入杏仁糖粉等，有如馬卡龍般。

在黏稠如馬卡龍般的蛋白餅中央，擠上杏仁奶油餡烤到酥脆，

塗上覆面糖衣後再烘烤，以添加亮度與光澤。

「比亞里茨餅」和「公爵夫人餅」（→P.192、193），

雖然是榛果杏仁糖粉和杏仁糖粉與蛋白的組合，

但是不同的蛋白量和打發法，使兩者迥然不同。

公爵夫人餅蛋白少，少掉的部分加水取代。

這個具保形性的蛋白霜，採杏仁膏式的作法，

蛋白充分打發，在杏仁中混合蛋白和砂糖製作。

基本上是夾入堅果醬，黏稠的堅果醬搭配酥鬆的蛋白餅，

口感上的落差深獲法國人喜愛。

片狀的比亞里茨餅是塗抹巧克力的甜點，特色是外形扁平。

所以蛋白打發成較稀疏的五分發泡，再抹成圓盤狀。

透過蛋白的各式用法來表現甜點的多樣風貌非常有趣。

Doigts de dames au gianduja
占度亞手指餅乾

分量　120個份

無鹽奶油 beurre —— 150g

杏仁糖粉 T.P.T.（→P.203）—— 300g

蛋白 blancs d'œufs —— 150g

低筋麵粉 farine faible —— 75g

12切杏仁 amandes concassées —— 適量Q.S.

占度亞榛果巧克力醬 gianduja（→P.207）—— 240g

1
將奶油攪打成乳脂狀，加入杏仁糖粉，用打蛋器繞圈混拌。

6
將4半量的餅乾翻面，用5號圓形擠花嘴在平面上各擠約2g細長條的5，再覆蓋其餘的餅乾夾住。

2
用攪拌機以高速充分打發蛋白備用。在1中加入蛋白霜的三分之一量和低筋麵粉，每次加入都要如切割般混拌。
＊若先混合粉類，麵團會變硬。

3
剩餘蛋白霜再分2次加入，每次各半量，同樣的混合，混勻即可。
＊若一次加入所有蛋白會結塊。

4
在烤盤上，用7號圓形擠花嘴將3擠成約1cm寬、長7～8cm的棒狀。在烤盤後方放上12切杏仁，將烤盤向前傾讓杏仁粒沾覆麵糊整體。去除多餘的杏仁，放入180℃的烤箱中烤14～15分鐘，放涼備用。

5
在鋼盆中放入占度亞榛果巧克力醬，底部稍微加熱混合，混成可擠製的硬度。

Miroirs
鏡面餅

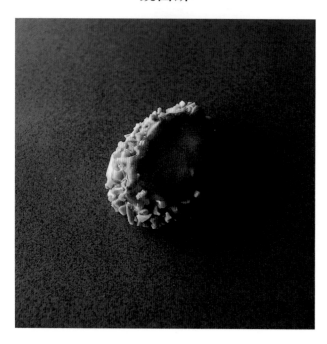

分量　76個份

杏仁奶油餡 crème d'amandes
- 無鹽奶油 beurre —— 50g
- 杏仁糖粉 T.P.T.（→P.203）—— 100g
- 全蛋 œuf entier —— 50g

蛋白 blancs d'œufs —— 100g

白砂糖 sucre semoule —— 30g

杏仁糖粉 T.P.T.（→P.203）—— 200g

低筋麵粉 farine faible —— 20g

12割杏仁 amandes concassées —— 適量Q.S.

杏桃果醬
confiture d'abricots（→P.199）—— 適量Q.S.

覆面糖衣 glace à l'eau
- 翻糖 fondant（→P.202）—— 適量Q.S.
- 波美度30°的糖漿
  sirop à 30°B（→P.202）—— 適量Q.S.

1
製作杏仁奶油餡。將奶油攪打成乳脂狀，加杏仁糖粉用打蛋器繞圈混拌。慢慢加入全蛋，每次加入繞圈混拌，混成乳霜狀。

2
製作麵糊。用攪拌機以高速開始打發蛋白，打發到表面覆著泛白的泡沫後，加入白砂糖。
＊若提前加入砂糖，攪打出的蛋白霜質地較細緻。

3
蛋白霜充分打發至快要分離之前。從攪拌機上取下。

4
混合杏仁糖粉和低筋麵粉，一面加入3中，一面用橡皮刮刀面混合。

5

若混合到圖中這樣的分量，用刮板集中在中央。

6

在烤盤塗上大量的澄清奶油（分量外），用9號圓形擠花嘴將5擠成4cm長的橢圓形，共擠76個。在後方撒上許多12切杏仁，將烤盤向前傾，一面將烤盤後方稍微舉高，一面讓杏仁粒沾覆整體。

7

在6的中央，用4號圓形擠花嘴擠上2cm長的1之杏仁奶油餡。放入180℃的烤箱中烤20分鐘。烤好後放涼。
＊杏仁奶油餡烘烤後會遍布整體。估量情況後在中央擠上少量。

8

煮沸杏桃果醬，用毛刷只塗抹在烤好的7之杏仁奶油餡上面。

9

製作覆面糖衣。翻糖揉軟後放入鍋裡，加入波美度30°的糖漿，一面不時開火加熱，溫度保持在30℃以下，一面用木匙混拌，混成呈流動狀，以手指沾取能透見手指的濃稠度即可。

10

用毛刷只在8的杏桃果醬的部分，塗上9的覆面糖衣。

11

放入180℃的烤箱中約2分鐘，使其散發「鏡子（miroir）」般的光澤。

Biarritz
比亞里茨餅

分量　78片份

＊準備厚2mm、直徑5cm的圓片狀模型。

榛果杏仁糖粉
T.P.T. noisettes（→P.203）——210g

低筋麵粉 farine faible —— 23g

蛋白 blancs d'œufs —— 78g

黑巧克力（可可成分53%）
chocolat noir 53% de cacao —— 適量Q.S.

＊使用前才調溫，保溫在28～29℃（→P.50．1）。
進行調溫至少需要1kg。

1
在榛果杏仁糖粉中加入低筋麵粉混合備用。

2
用攪拌機以高速打發蛋白約至「五分」發泡。大約是稍微發泡、泛白的狀態。

3
在1的粉類中加入2的蛋白，以橡皮刮刀面如壓碎般混合。

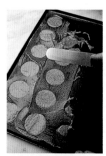

4
在烤盤抹上大量澄清奶油（分量外），放上圓片狀模型。舀取麵糊放入模型中，均勻抹平。拿掉模型，放入180℃的烤箱中烤14分鐘。放涼備用。
＊因為這是蛋白多容易沾黏的麵糊，所以要多抹油。

5
準備調溫過的巧克力，用抹刀均勻抹在4的平面上，塗抹面朝上排放在淺盤中。可以在表面吹出波紋，或用刀加上波浪花樣。

Duchesses
公爵夫人餅

分量　19個份

杏仁糖粉 T.P.T.（→P.203）——210g

低筋麵粉 farine faible —— 23g

水 eau —— 45g

蛋白 blancs d'œufs —— 36g

堅果醬 praliné clair（→P.208）—— 約90g

黑巧克力（可可成分53%）

chocolat noir 53% de cacao —— 適量Q.S.

＊使用前才調溫，保溫在28～29℃（→P.50・1）。
進行調溫至少需要1kg。

1
混合杏仁糖粉和低筋麵粉，
加水用木匙混合成膏狀。
＊先加水的話，小麥蛋白質
會和水結合，形成網目狀組
織的麵筋。這樣可以烤出酥
脆的口感。若麵團太硬可加
水。

2
蛋白另外充分打發。

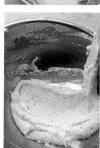

3
在1中加入2的蛋白霜，用
橡皮刮刀混合。因氣泡很綿
密，所以混合方法不那麼講
究也無妨。

4
在厚烤盤塗上澄清奶油（分
量外），用8號圓形擠花嘴
將3擠成4cm長的薄橢圓
形。連同烤盤往下稍微敲擊
數下，讓麵糊略微變薄擴
大。放入180℃的烤箱中烤
25分鐘，放涼備用。

5
將堅果醬取出放在大理石
上，用刮板攪拌回軟。在半
量餅的平面上，用手約各抹
上4g，再用其餘的餅覆蓋夾
住。

6
用紙製擠花袋將調溫過的巧
克力擠成線狀做裝飾。

基本的配料和技法

4

為了在甜點上呈現自我風格，

我的作法是親自製作受大眾歡迎的配料，

尤其是一口甜點，

為了表現出小甜點富厚度與質感的味道，

許多甜點我都使用杏仁製作的配料，例如杏仁糖粉T.P.T.（→P.203）、

手工杏仁糖（Massepain confiserie）（→P.205）等，非常注重其品質。

由於一口甜點一口就能吃下，

所以也必須準備味道濃厚的材料。

即使自己無法製作，也一定會斟酌選購配料。

因為味道平淡的材料，無法確保一口甜點的味道。

我想這個重點大家應該事先記住。

奶油餡

Crème pâtissière
卡士達醬
──甜點店的基本奶油餡

分量　成品約1450g
鮮奶 lait —— 1000g
香草棒 gousse de vanille —— 1根
＊使用大溪地產香草。

蛋黃 jaunes d'œufs —— 10個份
白砂糖 sucre semoule —— 250g
高筋麵粉 farine forte —— 100g
無鹽奶油 beurre —— 100g

1
在鍋裡倒入鮮奶，加入切開的香草和刮下的種子，以大火加熱。在鋼盆中放入蛋黃和白砂糖，用打蛋器攪打至泛白為止。泛出光澤後加高筋麵粉再混合。

2
鮮奶煮沸後，將其三分之一的量加入蛋黃的鋼盆中充分混合，再倒回開著小火加熱的剩餘鮮奶的鍋裡。

3
一面不斷混合，一面加熱。途中當混拌的手變得沉重，且材料嘆滋嘆滋煮沸時，也要繼續混合。

4
混拌到手感覺變輕，舀取後材料會迅速流下的稀軟度即熄火。
＊這個狀態稱為「去麩」。

5
一口氣加入切塊的奶油混合融解。這是用奶油增加光澤和濃度的作業。

6
倒入鋼盆中，密貼蓋上保鮮膜，涼至微溫，放入冷藏庫一天讓味道融合。
＊靜置一天後，黏性和光澤變佳，味道也更融合。當天製作的卡士達醬黏度低，對甜點體的黏着性差，光澤也不佳。

卡士達醬的回軟法

放入冷藏庫讓味道融合的卡士達醬，製作隔天需使用完畢。使用時取所需量放入鋼盆中繞圈混合，讓它恢復成所需的硬度。卡士達醬回軟後能呈現光澤，味道也變佳。
＊之後加酒等混合的話，能夠稍微變硬。

Pâte à bombe
蛋黃霜

分量　成品約400g（最少分量）
白砂糖 sucre semoule —— 250g
水 eau —— 白砂糖的約1/3量
蛋黃 jaunes d'œufs —— 8個份

1
在鍋裡放入白砂糖和水，用大火加熱至108℃。蛋黃放入鋼盆中，用打蛋器充分打散，一面加入加熱至108℃的糖漿，一面迅速混合。

2
將 1 倒入攪拌缸中，以高速攪打至人體體溫的程度。

3
攪打到散發光澤、變黏稠，能像絲帶般落下的話即完成。因為蛋黃已熟透，所以能冷藏保存1週時間。

Meringue italienne
義式蛋白霜

分量　成品約300g（最少分量）
白砂糖 sucre semoule —— 200g
水 eau —— 白砂糖的約1/3量
蛋白 blancs d'œufs（frais）—— 100g
＊使用新鮮蛋白。

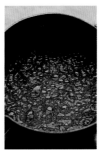

1
在鍋裡放入白砂糖和水，以大火加熱，煮沸後，將蛋白放入攪拌缸中以高速開始打發。

2
糖漿溫度達122℃後，攪拌機轉低速，從攪拌缸的邊緣倒入蛋白中。
＊製作分量比這裡多時，為了讓熱度進入蛋白整體，糖漿溫度需升高2～3℃。

3
糖漿全加入後，改為高速繼續攪拌，讓蛋白霜充分受熱。
＊基本上，砂糖是蛋白的加倍量。「因為希望不甜」，而過度減少砂糖量的話，熱力無法遍布，蛋也會殘留臭味。

4
溫度至42～43℃後，改用中速攪打成人體體溫程度，成為光澤略暗淡的蛋白霜。
＊以高速攪拌到最後的話，質地會變得過度綿密，所以改用中速攪打。

197 基本的配料和技法

Crème d'amandes
杏仁奶油餡
——濃郁的烘烤用奶油餡

分量　成品500g
無鹽奶油 beurre —— 125g
杏仁糖粉 T.P.T. —— 250g
全蛋 œufs entiers —— 125g

1
在鋼盆中放入奶油，不時加熱，用打蛋器繞圈混拌成較稀的乳脂狀。
＊製作如「栗子船形塔」（→P.34）般塗抹翻糖裝飾時，奶油餡要硬一點。

2
加入杏仁糖粉同樣的混合，混勻即可。

3
蛋打散，分3次加入其中，每次加入都要繞圈混拌。

4
整體融合後即完成。

Ganache
甘那許

分量　成品765g
鮮奶 lait —— 150g
鮮奶油（乳脂肪成份45％）
crème fraîche 45% MG —— 75g
轉化糖 trimoline —— 15g
黑巧克力（可可成分53％）
chocolat noir 53% de cacao —— 400g
＊以40℃融化備用。巧克力也可以切碎！
無鹽奶油 beurre —— 125g

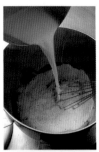

1
在鍋裡放入鮮奶、鮮奶油和轉化糖煮沸後熄火。在攪拌缸中放入融化備用的巧克力，再加煮沸的鮮奶和鮮奶油。

2
將1用打蛋器靜靜地混合後，用攪拌機以低速攪拌。
＊避免空氣進入，以極低速靜靜混合，使其乳化。用手混合時，用打蛋器從中央如切碎般混合，泛出光澤後擴大混合的範圍。

3
鋼絲拌打器攪打的痕跡呈漂亮的皺褶狀後，加入切碎的奶油，繞圈混拌至人體體溫程度。若不立刻使用，用保鮮膜密貼備用。
＊擠製時，放入冷藏庫冰涼到能夠擠製的硬度。不可加熱使其變軟。

水果類

Nappage neutre
透明果凍膠
——新鮮類一口甜點用

分量　成品約410g
柳橙表皮 zeste d'orange —— 1/4個份
檸檬表皮 zeste de citron —— 1/4個份
香草棒 gousse de vanille —— 少量
水 eau —— 250g

> 白砂糖 sucre semoule —— 100g
> 果膠 pectine —— 14g
> ＊果膠是和白砂糖混合備用。

馬鞭草（乾）verveine sèche —— 2.5g
＊具有清爽檸檬香味的香草。
放入網篩中，澆淋熱水去除澀味，瀝除水分備用。

薄荷（生）menthe —— 2g
檸檬汁 jus de citron —— 1/4個份

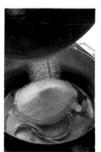

1
在鍋裡放入柳橙和檸檬的表皮、切開的香草棒及刮出的種子和水，以中火加熱至40℃後，加入混合備用的果膠和白砂糖。

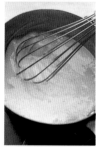

2
一面混合，一面煮沸後熄火。

3
加入薄荷、以熱水澆淋去除澀味的馬鞭草，加蓋燜30分鐘，萃取出香味。輕輕過濾，加檸檬汁混合。
＊因為香草會釋出澀味，所以不要勉強過濾。

Confiture d'abricots
杏桃果醬

分量　成品400g
杏桃糊 pulpe d'abricot —— 200g
＊使用顏色和香味俱佳的西班牙產罐頭（無糖）杏桃。
果肉切成2mm的小丁，以粗目網篩過濾成糊。

> 白砂糖 sucre semoule —— 200g
> 果膠 pectine —— 10g
> ＊果膠和上述的白砂糖混合備用。

1
在鍋裡放入杏桃糊加熱，加入混合果膠的白砂糖。

2
一面混合1，一面用大火煮沸。煮到噗滋噗滋沸騰後即可。放在常溫中保存。
＊用來增加烘烤甜點的光澤時，煮沸後再塗抹。

Gelée de groseilles
醋栗凍

分量　成品約270g

醋栗汁 jus de groseille —— 150g

＊以下述1的手法從冷凍糊中取用的果汁。

┌ 白砂糖 sucre semoule —— 150g
│ 果膠 pectine —— 1.5g
└ ＊果膠和白砂糖混合備用。

1
將醋栗糊倒入細目網篩上過濾，底下放個鋼盆靜置半天，過濾出150g果汁。
＊過濾時不要太用力擠壓，以免纖維落入其中。

2
將白砂糖和果膠充分混合備用。在鍋裡放入1的果汁，加入已混合的白砂糖和果膠混合，用大火加熱。

3
用杓子從盆底如刮取般一面混合，一面將糖度熬煮成65～70％brix，成為較硬的稠稠度。若有浮沫雜質需撈除。裝入小盤中稍微靜置，成為不流動的硬度即可。用保鮮膜密貼覆蓋放涼，以免形成薄膜。

Framboise pépins
帶籽覆盆子果醬

分量　成品 160～170g

覆盆子（整顆冷凍品）framboises surgelées —— 140g

＊法國產。冷凍品直接以種子能通過的粗目網篩過濾備用。

┌ 白砂糖 sucre semoule —— 140g
│ 果膠 pectine —— 2g
└ ＊果膠和白砂糖混合備用。

在鍋裡放入已濾過的覆盆子，加入混合備用的白砂糖和果膠，以大火加熱，用木匙如從盆底刮取般一面混合，一面加熱至糖度為70％brix為止（圖）。果醬散發光澤即可。用保鮮膜密貼覆蓋放涼，以免形成薄膜。

Confiture d'ananas
鳳梨果醬

分量　成品240〜250g
糖煮鳳梨 ananas au sirop —— 300g
＊Dole的罐頭。瀝除湯汁後，打成泥狀約200g。

白砂糖 sucre semoule —— 200g

1
將瀝除湯汁的鳳梨，放入食
物調理機中攪打成泥狀。

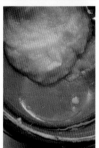

2
放入過濾器中暫放，自然瀝
除水分，計量果肉的重量，
這次約為200g。
＊瀝乾水分的作業法語稱為
égoutter。

3
在鍋裡放入2，加入等量的
白砂糖，以中火加熱，為避
免焦底，如從盆底刮取般一
面混合，一面加熱。

4
熬煮到成為68％brix後，離
火。用保鮮膜密貼覆蓋放
涼，以免形成薄膜。

mi-confiture d'abricots
減糖杏桃果醬

分量　成品約190g
杏桃（冷凍）abricots surgelés —— 200g
＊摩洛哥產。剔除種子切半。

白砂糖 sucre semoule —— 120g

1
冷凍杏桃直接放入食物調理
機中攪打成糊狀。倒入鍋
中，加入水果糊60％重量的
白砂糖（120g）後混合。

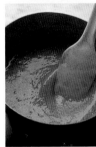

2
以不煮焦的火候，一面混
合，一面熬煮到糖度為52〜
55％brix後離火，倒入鋼盆
中。用保鮮膜密貼覆蓋放
涼，以免形成薄膜。

mi-confiture de framboises
減糖覆盆子果醬

分量　成品約190g
覆盆子（整顆冷凍品）framboises surgelées —— 200g
＊法國產。

白砂糖 sucre semoule —— 120g

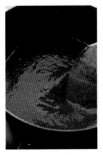

將整顆冷凍覆盆子放入食物
調理機中攪打成糊狀。和上
述的「減糖杏桃果醬」同樣
製作。

基本材料&堅果類

Fondant
翻糖

分量　成品556g
白砂糖 sucre semoule —— 500g
水 eau —— 200g
水飴 glucose —— 75g

1
在鍋裡放入所有材料，以大火加熱至118℃。
＊手工糖果用的，因為加入酒，所以要加熱到120～123℃使其變硬。

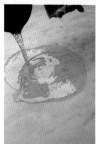

2
在噴過消毒用酒精的大理石上倒上1，為避免表面糖化，噴水後用三角抹刀等抹開，靜置讓溫度約至40℃（觸碰感覺溫暖的溫度）為止。

3
用三角抹刀或木匙刮取，快速轉動手腕翻拌，直到2變得白濁、鬆散的狀態為止。

4
變得鬆散後揉成團，用手搓揉直到散發光澤為止。包上保鮮膜，可置於常溫中保存。
＊變得鬆散後放著不管易結塊、變硬。大理石用熱水能夠清洗乾淨。

翻糖的回軟法

1
將揉軟至變形程度的翻糖放入有耳鍋中，時常加熱混合，使其變柔軟。
＊這是用於手工糖果的情形。若是甜點用的，可用波美度30°或適當糖度的糖漿稀釋。

2
加熱約至30℃，調整成所需的硬度。
＊若以高溫加熱，翻糖結晶會結合變大，口感和光澤都會變差。

Sirop à 20°B
波美度20°的糖漿

白砂糖和水以500g：1000g的比例混合，加熱煮融後放涼備用。

Sirop à 30°B
波美度30°的糖漿

白砂糖和水以1350g：1000g的比例混合，加熱煮融後放涼備用。

T.P.T.
杏仁糖粉

分量　成品800g
杏仁（去皮）amandes émondées —— 400g
＊使用西班牙馬爾可那種。泡熱水去皮的杏仁（→P.204）

白砂糖 sucre semoule —— 400g
香草棒（磨成粉狀）
gousses de vanille usées en poudre —— 4～5根份
＊將用過1次已清洗過，乾燥備用的香草磨碎而成。

1
在食物調理機中，放入事先
處理過的杏仁、白砂糖和磨
碎的香草一起攪打。
＊和砂糖一起攪碎較不易出
油。

2
攪成粗沙狀即可停止。

3
一面將碾壓機的寬度慢慢調
窄，一面將 2 放入碾壓機中
碾壓2次。

4
粗碾杏仁糖粉完成。碾壓情
況是放在手中捏握會結塊的
程度。
＊稍微粗碾能保留香味和口
感。

T.P.T. noisettes
榛果杏仁糖粉

分量　成品800g
杏仁（連皮）amandes brutes torréfiées —— 200g
＊烤到連內芯都變黃褐色為止。

榛果（連皮）noisettes torréfiées —— 200g
＊烤到連內芯都變黃褐色為止，過篩去皮備用。

白砂糖 sucre semoule —— 400g

1
在食物調理機中放入事先處
理過的杏仁、榛果和白砂
糖，攪打成粗沙狀。

2
一面將碾壓機的寬度慢慢調
窄，一面將 1 放入碾壓機中
碾壓2次。

3
粗碾榛果杏仁糖粉完成。碾
壓情況是放在手中捏握會結
塊的程度。
＊稍微粗碾能保留香味和口
感。

Pâte d'amandes crue
生杏仁膏

分量　成品1060g
杏仁（連皮）amandes brutes —— 500g
＊使用西班牙馬爾可那種杏仁。

白砂糖 sucre semoule —— 500g
蛋白 blancs d'œufs —— 60g

1
參照右述將杏仁去皮。在食物調理機中，放入去皮尚濕狀態的杏仁和白砂糖，攪成粗沙狀。
＊和砂糖一起攪碎較不易出油。

2
在鋼盆中倒入1，加蛋白用手混合使其融合。
＊「crue」是「生」的意思。指不加熱製作。

3
一面將碾壓機的寬度慢慢調窄，一面將2放入碾壓機中碾壓2次。

4
碾壓到用手捏握感覺潮濕即可。
＊粗碾可保留較佳的香味。

杏仁去皮法

1
連皮杏仁放入煮沸的熱水中水煮一下。

2
放在網篩上瀝除水分，去皮。
＊需要大量去皮時，可用專門的機器去皮。

Massepain confiserie
手工杏仁糖
──麵團配料用

分量　成品約514g

杏仁（去皮）amandes émondées ── 187g

＊使用西班牙馬爾可那種。泡熱水去皮的杏仁（→P.204）

糖粉 sucre glace ── 32g

白砂糖 sucre semoule ── 250g

水飴 glucose ── 12g

轉化糖 trimoline ── 12g

水 eau ── 80g

蘭姆酒 rhum ── 12g

無鹽奶油 beurre ── 12g

1
在食物調理機中放入杏仁和糖粉攪打，粗略攪打成1mm大小，倒入大鋼盆中。
＊沒有碾壓機時，可集中成一團再碾細一點後使用。

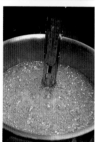

2
將白砂糖、水飴、轉化糖和水混合，加熱至118℃。
＊加入保濕性高的水飴和轉化糖，容易混成一團，用碾壓機碾壓時也不易失敗。

3
在1的鋼盆中，一面加入2的已加熱糖漿，一面用木匙混合。
＊這是在杏仁中加入熱度的作業。左頁「生杏仁膏」雖然是生的，但這裡有加熱。

4
觸碰時會碎成小塊。

5
混成白色結晶化後手感會變輕盈。成為鬆散的沙狀後，攤放在淺盤中放涼。

6
在5中撒入蘭姆酒，加入撕碎的奶油，整體混合到融合為止。
＊用奶油和蘭姆酒能增加厚味和香味，成為美味的麵團。

7
用碾壓機只碾壓一次。
＊因為會出油，所以只要碾壓一次即可。

8
用手揉成團，用保鮮膜包好，放在常溫中保存。

Massepain pâtisserie
造型杏仁膏
—— 裝飾用

分量　成品約1440g

杏仁（去皮）amandes émondées —— 300g

＊使用西班牙馬爾可那種。泡熱水去皮的杏仁（→P.204）

糖粉 sucre glace —— 300g

波美度30°的糖漿 sirop à 30°B（→P.202）—— 240g

白砂糖 sucre semoule —— 600g

水 eau —— 240g

水飴 glucose —— 90g

1
在食物調理機中放入杏仁和糖粉攪打，攪成全麥麵粉的細度，倒入大鋼盆中。
＊比起手工杏仁糖，造型杏仁膏的砂糖多，容易延展，作業性佳。

2
煮沸波美度30°的糖漿，倒入1中用木匙混合。
＊相對於P.204「生杏仁膏」是生的，這裡加入熱度。

3
混成白色結晶化且融合後，用保鮮膜包好，置於常溫中一晚備用。

4
圖中是靜置一晚的杏仁膏。
＊表面適度變乾。水分多又柔軟，碾壓機較難碾壓，所以靜置一晚。

5
在鍋裡放入白砂糖、水和水飴，加熱至133℃。

6
用安裝上槳狀拌打器的攪拌機，以低速攪拌4，倒入5的糖漿。糖漿倒完後，改用中速攪拌。這是在杏仁中加入熱度的作業。
＊糖漿多或是糖漿的溫度低，都會使杏仁變軟，這點請留意。

7
杏仁膏泛白或變厚重後，改為低速攪拌。取出少量揉圓再延展。結晶化的砂糖和杏仁連結變光滑後，若不會黏手即OK。因杏仁膏用糖漿加入熱度，且糖度又高，所以用保鮮膜包裹後，可在常溫下長期保存。

Gianduja
占度亞榛果巧克力醬

分量　成品約720g
杏仁（連皮）amandes brutes —— 225g
榛果（連皮）noisettes brutes —— 150g
糖粉 sucre glace —— 225g

牛奶巧克力（可可成分35％）
chocolat au lait 35% de cacao —— 15g
＊以40℃融化備用。

可可奶油 beurre de cacao —— 15g
＊以40℃融化備用。

1
堅果類分別放入170～180℃的烤箱中，烤到內芯呈淺褐色的上色程度。榛果烤好後，放入網篩中滾動去皮。

2
在食物調理機中放入1和糖粉攪打，攪碎成1mm大小的粗細度。

3
將2放入鋼盆中，在中央倒入融化的牛奶巧克力和可可奶油。用木匙大略混合，混雜在一起即可。

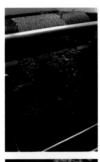

4
一面將碾壓機投入口的寬度慢慢調窄，一面將3碾壓3次。粉狀物會成為濕潤的膏狀。

5
在即將完成前停止碾壓，揉成團，壓平後用塑膠袋包好。可在常溫下長期保存。使用時再用碾壓機碾壓一次。
＊比起市售品，雖然較粗糙，但是較為新鮮且香味濃。

Praliné clair
淺色堅果醬
——色淡的堅果醬

分量　成品約720g
杏仁（去皮）amandes émondées —— 200g
＊使用西班牙馬爾可那種。泡熱水去皮的杏仁（→P.204）
榛果（連皮）noisettes brutes —— 200g
白砂糖 sucre semoule —— 300g
水 eau —— 80g

1
堅果類分別放入170～180℃的烤箱中，烤到內芯呈淺褐色的程度。榛果烤好後，放入網篩中滾動去皮。
＊「clair」是明亮的意思。堅果勿烤到變成深濃的顏色。

2
在銅盆中放入白砂糖和水，加熱至118℃為止。熄火後加入1的堅果類，用木匙混合。

3
混合均勻使其結晶化，成為鬆散的顆粒狀後，放在烤盤上放涼備用。
＊若保持塊狀，水分會滲入堅果中，用碾壓機碾壓時會沾黏。

4
完全涼了之後，再次放入銅盆中，以大火加熱。一面混合，一面加熱。使其變濕。

5
加熱成淺焦糖色為止。

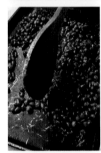

6
將5攤放在烤盤上，放涼。

7
涼了之後放入食物調理機中粗略攪碎。表面看起來雖然變細，但裡面還有5～6mm大小的顆粒。
＊量多時，使用真空超高速攪拌機攪碎。

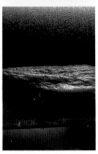

8
一面將碾壓機投入口的寬度慢慢調窄，一面將7碾壓3～4次。最初雖然還是粉狀，但最後會變成膏狀。
＊「欲速則不達」，花時間讓投入口的寬度慢慢變窄來攪打，才不會出油。成為不是粉狀的狀態就行。

praliné foncé
深色堅果醬
——色深的堅果醬

分量　成品約720g
榛果（連皮）noisettes brutes —— 400g
白砂糖 sucre semoule —— 300g
水 eau —— 80g

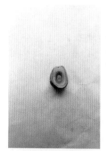

1
堅果類放入170～180℃的烤箱中，充分烘烤到內芯呈深褐色為止。放入網篩中滾動去皮。

2
和左頁「淺色堅果醬」的步驟2～4同樣，在加熱至118℃的糖漿中，加入榛果使其糖化後放涼，再次放入銅盆中，以大火加熱。一面混合，一面使其深度焦糖化。

3
比起淺色堅果醬，深色堅果醬能夠更清楚感受到苦味。攤放在烤盤上，放涼。涼至微溫後，再將一片烤盤翻面蓋住放涼。
＊若有濕氣，會沾黏碾壓機，所以加蓋。

4
涼了之後，放入食物調理機中粗略攪碎。表面看起來雖然變細，但裡面還有5～6mm大小的顆粒。
＊量多時，使用真空超高速攪拌機攪碎。

5
一面將碾壓機投入口的寬度慢慢調窄，一面將4碾壓4～5次。最初雖然還是粉狀，但最後會變成膏狀。碾壓直到變成乳膏狀。

什麼是手工糖果？

我曾在手工糖果店工作過。1967年6月中旬我遠赴法國，在糖果店工作大約是2年後的事。剛到法國時，不論吃哪家甜點店的糕點都深受感動，不久之後，每個店家一成不變只推出相同的甜點，都以海綿蛋糕和奶油餡製作的甜點為主體，我對相同的味道感到厭倦。我心中抱持著疑問，眼前甜點店依

力品質粗糙，落後瑞士、比利時，不過我覺得手工糖果十分有趣。

手工糖果店有溫暖的房間。我在那裡將製作威士忌甜心糖中心時，作為模型的澱粉（amidon）（→P.249）加熱製成凹槽，或是用機器的大手臂拉長大量飴糖。還有翻糖通過長圓筒即刻製成糖

然如故的陳腐景況，法國甜點店對此毫不在意嗎？

我赴法的隔年，開始有這個疑問的同時，法國興起也稱為民眾反體制運動的5月革命。商店被迫關門，因大罷工交通也癱瘓了。在激昂的運動中，我希望找些什麼及遷居之故，決定出發去旅行。一面打工採收葡萄等，一面繼續品嚐甜點，我在波爾多附近的利布爾納（Libourne）城，首次見到波爾多可露麗（Cannelé de Bordeaux）這個甜點。我被它獨特的形式、烤色和味道的觸動，決定以甜點職人的身分再重新出發和奮起，因此我又回到巴黎。但是，我對於甜點店守舊拘囿的狀態感到失望。這時我發現某個不同的方向，而且進入了這家販售巧克力甜點和手工糖果的大型店「Chocolatier Masale」。

我向這家店的董事訴說自己的想法，我一面工作，一面見識到各式各樣的麵團。當時法國的巧克

果，也讓我感到驚訝。因為水流經攪拌機般的圓筒周圍可冷卻管線，並強制輸送空氣使糖漿糖化。

從暑假到隔年3月的復活節（Pâques）為止，我大約待在那裡工作約8個月的時間，之後再回到甜點店。手工糖果屋的商品通常採工業製造法。幾乎都以機器製作，若說到使用的工具，只有抹刀。我希望接觸更多的工具。這讓以手工為主體的甜點職人魂感到心痛。

節慶與地方的特產甜點

在法國後期，我感到懊悔，若我做甜點職人4～5年後，再進入手工糖果店就好了。那時我已掌握甜點的技術，若再能學習手工糖果的話，我想應該吸收到更多的東西。回到日本後，那種「未竟之志」

的心情始終縈繞在心中。「何時來做手工糖果吧」這樣的念頭不曾消失。

離開手工糖果店之後，我也開始留意手工糖果。我注意到巴黎的路上，阿拉伯人在杏仁上裹上糖衣製成的堅果糖，各地慶典的攤販商品中有許多手工糖果。那些較粗糙的點心，幾乎都使用濃烈的色彩和香料。不過形狀、顏色和販售方式都充滿趣味。我覺得手工糖果可說是具有童心的粗點心。

其實法國各地的甜點特產，很多都是手工糖果。例如上述的牛軋糖，以法國中部羅瓦爾河畔的蒙達爾日（Montargis）最為著名，若說到糖漬水果，眾所周知的是尼斯的特產。在各地方遇見五花八門的

果醬用的真空釜，不斷嘗試後，我特別訂製能將飴糖保溫在60℃的工作台（拍攝時，主要是使用60℃的保溫燈和可保溫在40℃的小工作台）。最初我分別有效運用，也習慣用它來處理棘手的飴糖香料。

我進入上述的「「Chocolatier Masale」時，在甜點店習藝還不足2年，一方面缺乏甜點職人的經驗，一方面自己也覺得「若是在甜點店，應該更有趣」。我投入手工糖果的工作後，那樣的感覺更強烈。甜點職人會想辦法研究怎麼做才能讓甜點更美味，但我想將製作甜點當成工業產品的手工糖果店並不那麼認為。過去法國的巧克力品質不佳。然而，「La Maison Du Chocolat」的創業者，原為甜

手工糖果，也是我的樂趣之一。

當時法國的甜點店，水果軟糖、牛軋糖等手工糖果類都是採買的商品。所以我也是回到日本後，才在自家甜點店製作堅果糖和糖漬水果，憑著過去在手工糖果店的經驗和書本裡的知識，經過反覆不斷摸索、嘗試，後來只有牛軋糖、牛奶糖和水果軟糖等極少部分手工糖果，採用成商品。但是，在甜點店的廚房能製作的商品種類有限。我盤算正式投入手工糖果領域的時期。

甜點店能提供更美味的糖果

為了正式投入手工糖果的製作，需要有專門的工作室。2007年，我在擁有自家店的第26年，如願建造了理想中的手工糖果工作室。安裝上為製作新鮮

點職人的Robert Linxe先生成為巧克力職人後，成立法芙娜（Valrhona）公司，成功開創出巧克力的新風貌，也提升了法國巧克力的品質。目前還是甜點職人的Jean-Paul Hévin先生亦然。我想甜點職人即使在其他領域，也能製作出更美味的東西。這就是甜點職人。即使在手工糖果領域不也能實現嗎？

手工糖果店都在飴糖中加入香料。我則加入自我風格，添加果醬或水果軟糖（貝蘭蔻糖→P.224梅麗梅羅糖→P.232），也希望因此變得更美味。表現口感的方法上，例如扭轉飴糖的方式、拉塑方法等，我想也能多費心研究吧。守護飴糖傳統，同時活用至今經驗，這樣不是能做出甜點店獨一無二的手工糖果嗎。在操控砂糖的手工糖果世界裡，還有我想追尋的商品。而且該領域的技術、知識，我想不是也能回饋到甜點店的商品中嗎？

Confiserie
手工糖果

5

提到甜點名產，前往法國各地區便能明白，

手工糖果類占壓倒性的多數。其中最多的是飴糖類。

1800～1809時期，法國也曾流行手工糖果的飴糖，或許這是過去的餘韻。

像是洛林地區南錫（Nancy）的柑橘系飴糖「南錫佛手柑糖（Bergamote de Nancy）」（→ P.240），

普羅旺斯地區卡龐特拉（Carpentras）及阿普特（Apt）城的著名飴糖──

附握棍的「棒棒糖（Sucettes）」（→P.214），

以及正四面體的「貝蘭蔻糖（Berlingots）」（→P.224），

諾曼第地區盧昂（Rouen）的棒狀蘋果飴糖「蘋果糖（Sucre de pomme）」，

還有奧維涅（Auvergne）地區維琪（Vichy）的棒狀飴糖「德爾吉長棒糖（Sucre d'orge）」等。

除了飴糖外，在隆河・阿爾卑斯山省（Rhône-Alpes）地區的美食城里昂（Lyon），

還有在杏仁餅中夾入甘那許的「里昂枕（Coussin de Lyon）」名產。

里昂好像是以絲織品發跡的城市，據說里昂枕的特色是模仿絲綢坐墊的外形。

雖說是地方的特產，但其實我感興趣的

不是店裡販售的商品，而是節日慶典時廣場攤販所陳售的商品。

如「棉花糖（Guimauve）」（→P.276，亦即Marshmallow）、

棒棒糖等飴類，還有在圓鍋裡卡拉卡拉繞圈製作，

杏仁沾裹糖衣的「果仁糖」等，都使用大量染色劑與香料，散發強烈味道與色彩，

我覺得「實在太厲害了！」，而且看到五彩繽紛，形形色色的甜點時，我便感到喜不自勝。

我想只有手工糖果才能呈現那樣的歡慶感、華麗度和熱鬧的氣氛。

Sucettes
棒棒糖

有小握棍的糖果稱為「棒棒糖」。

棒棒糖、「貝蘭蔻糖」（→P.224）等飴類，

普羅旺斯地區亞維儂附近的卡龐特拉及阿普特城最為著名。

不過，這些飴糖在法國隨處可見。

在我的印象中，棒棒糖是我常去的布列塔尼地區、

外繞城牆的港都——聖馬洛（Saint Malo）的特產。

在節日慶典的攤販上能看到的棒棒糖，說起來是粗點心。

不過，我覺得手工糖果也可以是粗點心。因為看著就令人感到開心。

棒棒糖讓人開心之處全在「顏色和外形」。因此我大膽自製模型。

雖然也能用可愛的兔子模型製作，無奈缺點是太厚硬。

薄的棒棒糖不但看起來可口，也較美觀，

所以我製作能透光，厚約4～5mm呈葉脈花樣的美麗模型。

其他的飴糖，我試著加入自我的表現手法，

混合果醬和水果軟糖（→P.286）製作，只有棒棒糖使用香料。

所以我選用以天然果汁製作，具水果風味的香料。

我不用模型，而用紙製擠花袋擠製成各種形狀，

在裡面再戳入小棍子，我覺得漂亮又有趣。

製作飴糖的準備

sirops
糖漿

製作飴糖時，在水中加入約水的2～3倍的砂糖和水飴，以設定2氣壓的壓力鍋煮至沸騰，靜置1小時以上再使用，並在24小時以內使用完畢。用壓力鍋燜煮後，靜置一段時間讓砂糖和水融合，能使飴糖的延展性變佳，特色是不易泛潮，長期保有光澤。這是我經過不斷嘗試摸索獲得的最佳成品。但是若放置24小時以上，製作的飴糖的黏性會變差，延展性佳的飴糖會發黏，光澤也會變差。

moules, et humidité dans la cuisine
模型和室內的濕度

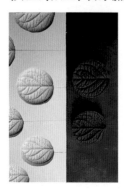

我買回橡膠模型後，倒入矽膠再自製矽膠模型。薄的棒棒糖較美味，還能透光外觀很漂亮，所以我製成厚4～5mm、直徑5cm的模型。雖然也有兔子造型的模型，不過造型有趣的厚棒棒糖，不容易吃完。
有濕氣時飴糖會泛潮。在濕氣重的日本，製作時室內濕度必須保持在30～40％。

arômes et colorants
香料和色素

我試用過各式各樣的香料，但棒棒糖重視香味，因此我主要使用以果糖、葡萄糖、濃縮果汁、染色劑等製作的日本產「含色素強化果汁」。此外，其他的飴糖中，除了使用法國Sevarome公司等製的色素和香料外，有很多也使用果醬、果汁等自製的配料來增添顏色和味道。

Sucette à la myrtille
藍莓

分量　10～12根份

糖漿 sirop　用壓力鍋燜煮以下材料備用（→P.216）

[白砂糖 sucre semoule ── 188g
  水飴 glucose ── 145g
  水 eau ── 50g

藍莓香料 arôme et colorant à la myrtille ── 6.7g

＊Florentines foods的製品。原材料是果糖、葡萄糖液、濃縮果汁、乙醇（ethanol）、染色劑、酸味劑等（→P.216）。

次頁以後的檸檬、柳橙、芒果、草莓等香料也同為該公司產品。

1
在單柄銅鍋（→P.7「關於飴糖」）中放入做好備用的糖漿，以大火煮至148℃。

2
將1的鍋底泡入水中數秒，再放到濕抹布上。
＊利用餘溫以免溫度升高。溫度過升高，香料受熱也會產生變化。

3
以滴管加入香料，用筷子等混合。以中火加熱，再一面混合，一面加熱溶解香料。煮至有點黏稠後離火。

4
倒入放了竹籤的模型中。倒入飴糖後轉動竹籤，讓竹籤裹上飴糖。放置約15分鐘待其凝固，脫模。立即裝入玻璃紙袋中封口。
＊因為有濕氣，所以要立刻裝袋。

Sucette au citron
檸檬

分量　10〜12根份

糖漿 sirop　用壓力鍋燜煮以下材料備用（→P.216）

- 白砂糖 sucre semoule —— 188g
- 水飴 glucose —— 145g
- 水 eau —— 50g

檸檬香料 arôme et colorant au citron —— 6.7g

改用不同香料，和藍莓相同作法（→P.217）。

Sucette à l'orange
柳橙

分量　10〜12根份

糖漿 sirop　用壓力鍋燜煮以下材料備用（→P.216）

- 白砂糖 sucre semoule —— 188g
- 水飴 glucose —— 145g
- 水 eau —— 50g

柳橙香料 arôme et colorant à l'orange —— 6.7g

改用不同香料，和藍莓相同作法（→P.217）。

Sucette à la mangue
芒果

分量　10〜12根份

糖漿 sirop　用壓力鍋燜煮以下材料備用（→P.216）

- 白砂糖 sucre semoule —— 188g
- 水飴 glucose —— 145g
- 水 eau —— 50g

芒果香料 arôme et colorant à la mangue —— 6.7g

改用不同香料，和藍莓相同作法（→P.217）。

Sucette à la fraise
草莓

分量　10～12根份

糖漿 sirop　用壓力鍋燜煮以下材料備用（→P.216）

[白砂糖 sucre semoule —— 188g
　水飴 glucose —— 145g
　水 eau —— 50g

草莓香料 arôme et colorant à la fraise —— 6.7g

改用不同香料，和藍莓相同作法（→P.217）。

Sucette à la menthe
薄荷

分量　10～12根份

糖漿 sirop　用壓力鍋燜煮以下材料備用（→P.216）

[白砂糖 sucre semoule —— 188g
　水飴 glucose —— 145g
　水 eau —— 50g

綠色色素（開心果的綠色）colorant vert pistache —— 3滴
＊用9倍量的伏特加溶解稀釋的分量。
法國Sevarome公司的製品。下述的香料也是該公司製作。

薄荷油 huile essentielle à la menthe —— 4.2g

取代加入強化果汁的香料，加入薄荷油（圖）和綠色色素，和藍莓相同作法（→P.217）。

Barbe à papa
棉花糖

我打算製作手工糖果，當我正在考慮做什麼才適合時，
腦海中突然浮現日本小攤所賣的棉花糖。
我希望表現法國風味和具有自我風格的棉花糖，
因此在棉花糖中加入薄荷香味和草莓的風味，
或是放上水果乾做裝飾，以增添香味和顏色。
那麼，法國也有棉花糖囉？
雖然我沒見過，不知那裡的棉花糖長什麼樣子，
不過在食譜書中，有名為「Barbe à papa」的甜點。
一位曾在本店工作，隻身前往法國修業的年輕人，
據說他曾在巴黎高檔的克里雍飯店（Hôtel de Crillon）的餐廳看過棉花糖。
他們決不可能有日本的棉花糖機，
我想那是不是用飴細工
「拉糖絲（sucre filé）」的掛絲、重疊技法製作的。
1900年左右出版的手工糖果書中，也曾出現
名為「Barbe à papa」的飴糖甜點，大概也是相同的作法吧。
而且還取了「Barbe à papa（原意為爸爸的鬍鬚）」這個巧妙的名字。
比起糖絲，法文原名更有綿花糖的感覺，故得此名。
濕氣是棉花糖的大敵，使用香料時的濕度成為一大問題。
冬季時還好，不過到了夏季或梅雨季時，得在濕度控制在40％以下的工作室製作，
完成後立刻裝袋封口。冬天時裝袋後，出乎意料的竟能保存3～4天。
我使用以法國Sevarome公司的香料增添香味的
自製粗砂糖製作，但這樣容易泛潮。
我也用彩色粗砂糖，內芯必須使用棉花糖專用的粗砂糖。
我和市井小販一樣的購入這些材料。

Barbe à papa à la menthe
薄荷

［手工糖果］棉花糖

分量　1個份

＊準備棉花糖機、隔熱手套。

白色粗砂糖（棉花糖芯用）sucre cristallisé —— 適量Q.S.

彩色粗砂糖（藍、橘）
sucre cristallisé coloré bleu et orange —— 適量Q.S.

薄荷香味的粗砂糖（→下述）
sucre cristallisé aromatisé à la menthe —— 使用粗砂糖的1成

水果乾（→下述）fruits secs —— 各適量
［草莓、奇異果、柳橙 fraises, kiwis, oranges
覆盆子乾（市售品）framboises sèches —— 適量Q.S.

水果乾 fruits secs
水果切成1mm弱的厚度，用波美度20°的糖漿
（→P.202）浸泡一晚，放在矽膠烤盤墊上，放入75℃
的迴風烤爐中烘乾3小時。涼至微溫後，裝入附乾燥
劑的密閉容器中。

sucre cristallisé aromatisé
芳香粗砂糖

分量　便於製作的分量

＊使用隔熱手套。色素、香料各使用1種，
製作薄荷、草莓、柳橙、檸檬風味的香味
粗砂糖。

白砂糖 sucre semoule —— 250g
水飴 glucose —— 50g

水 eau —— 100g

色素（法國Sevarome公司的飴糖用）
colorant —— 5滴

＊用9倍量的伏特加溶解稀釋的分量。「薄
荷」是用綠色、「草莓」是紅色、「柳
橙」是橘色、「檸檬」是黃色色素。

香料 arôme —— 10g

＊法國Sevarome公司的飴糖用香精。「薄
荷」是用薄荷、「草莓」是用草莓、「柳
橙」用柳橙、「檸檬」用檸檬香精。

1　薄荷口味
在單柄銅鍋（→P.7）中放入白
砂糖、水飴和水，加熱至
170℃，倒入矽膠烤盤墊中。
若達到耐熱手套能觸碰剝下的
程度後，加綠色色素和薄荷香
料。

2
用筷子混合，連同矽膠烤盤墊
如從邊端翻摺般混合，顏色大
致混勻後，壓平放涼使其凝
固，再用碾壓機粗略碾碎。

3
用粗砂糖能通過的粗網篩過
濾，剔除碾成粉狀的部分。

4
完成。其他味道的香味粗砂
糖、配方、作法都相同。只是
更改香料和色素後製作。

棉花糖的作法

1 薄荷口味

按下棉花糖機的開關,倒入少量白色粗砂糖,用木筷開始捲飴糖。這部分當作芯。

＊若不用白色粗砂糖,棉花糖會從筷子上滑掉。

2

取藍和橘色粗砂糖和薄荷香味粗砂糖,放入棉花糖機中。

＊只有香味粗砂糖,無法呈現顏色,所以使用彩色粗砂糖。

3

彩色粗砂糖和香味粗砂糖的飴糖,在1上捲成漂亮的形狀。

4

貼上各種水果乾,立即裝入袋中。以下3種棉花糖,分別使用不同的香味粗砂糖和彩色粗砂糖,和薄荷相同的作法。

＊濕氣會讓棉花糖泛潮,製作後需立即裝袋。

Barbe à papa
à la fraise
草莓

分量　1個份

白色粗砂糖(棉花糖的芯用) sucre cristallisé —— 適量Q.S.

彩色粗砂糖(紅) sucre cristallisé coloré rouge —— 適量O.S.

草莓香味粗砂糖

sucre cristallisé aromatisé à la fraise —— 使用粗砂糖的一成

水果乾(→P.222) fruits secs —— 適量Q.S.

覆盆子乾(市售品) framboises sèches —— 適量Q.S.

Barbe à papa
à l'orange
柳橙

分量　1個份

白色粗砂糖(棉花糖的芯用) sucre cristallisé —— 適量Q.S.

彩色粗砂糖(黃、紅)

sucre cristallisé coloré jaune et rouge —— 適量O.S.

柳橙香味粗砂糖

sucre cristallisé aromatisé à la l'orange —— 使用粗砂糖的一成

水果乾(→P.222) fruits secs —— 適量Q.S.

覆盆子乾(市售品) framboises sèches —— 適量Q.S.

Barbe à papa
au citron
檸檬

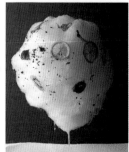

分量　1個份

白色粗砂糖(棉花糖的芯用) sucre cristallisé —— 適量Q.S.

彩色粗砂糖(黃、橘)

sucre cristallisé coloré jaune et orange —— 適量O.S.

檸檬香味粗砂糖

sucre cristallisé aromatisé au citron —— 使用粗砂糖的一成

水果乾(→P.222) fruits secs —— 適量Q.S.

覆盆子乾(市售品) framboises sèches —— 適量Q.S.

Berlingots
貝蘭蔻糖

「貝蘭蔻糖」是切割成正四面體或三角形的飴糖。

它以普羅旺斯的卡麗特拉和西北部南特的特產而聞名，

一直以來，所有的手工糖果店都有販售。

如今手工糖果也日益減少，

甚至有許多法國人都不知道有這種糖，實在很可惜。

讓我留下深刻印象的貝蘭蔻糖，不是在手工糖果店看到的，

而是在節日慶典的攤販攤車。

那個3～4cm正方的彩色糖果，我對它的大小感到吃驚。

比起逛甜點店，逛小攤子的手工糖果更令我開心。

從當初決定製作貝蘭蔻糖開始，我就在思考要創作出什麼樣的自我風味，

最後決定在拉糖中加入果醬。

它應該和只有香料的貝蘭蔻糖風味不同。

順帶一提，只有佛手柑口味以不拉長飴糖來製作。

而且太稀的蜂蜜很難製作，不過採用蜂蜜味道很棒。

因此我選擇偏固態狀濃度的蜂蜜使用。

Berlingot à l'abricot
杏桃

分量　成品780g

糖漿 sirop　用壓力鍋燜煮以下材料備用（→P.216）

＊煮1小時以上的糖漿，在24小時以內使用完畢。
以下P.228～229的糖漿也相同。

> 白砂糖 sucre semoule —— 500g
> 水飴 glucose —— 100g
> ＊水飴的保濕性能防止飴糖泛白、糖化，
> 也能降低甜味，因此添加。
> 水 eau —— 200g

檸檬酸 acide citrique —— 4g

色素 colorant（法國Sevarome公司的飴糖用色素）

＊分別用9倍量的伏特加溶解稀釋的分量。

> 檸檬的黃色 jaune citron —— 8滴
> 草莓的紅色 rouge fraise —— 1滴

杏桃果醬 confiture d'abricots —— 50g

＊製作杏桃果醬（→P.199），
相對於成品250g，加入5g（2％）的果膠，
再重新煮至沸騰為止。

1
在單柄銅鍋（→P.7）中放入做好備用的糖漿，加熱至158℃。半量倒到矽膠烤盤墊上，剩餘的半量平均倒成兩份。

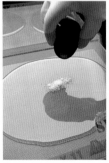

2
在小飴糖中，分別加入黃色色素8滴和紅色色素1滴。稍微放涼，在大飴糖中加入檸檬酸2g，小飴糖中分別加入1g。
＊糖漿太熱檸檬酸會焦掉。加入酸可緩和甜味。

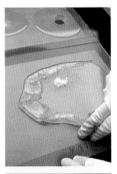

3
若降至用耐熱手套能觸碰、翻摺邊緣的溫度後，大飴糖整合成香腸狀，放在飴糖專用燈下等保溫備用。

4
小飴糖以相同方式的分別整合，拉長再摺疊讓裡面含有空氣直到泛白為止。保溫備用。
＊含有空氣會形成層次，產生酥脆的口感。

5

保溫的大飴糖也反覆進行拉長再摺疊的作業。用飴糖專用燈等保溫備用。

6

將放在飴糖專用燈下的 4，分別一面加熱，一面揉搓成相同長度的繩狀，並排貼合。拉著兩端拉長，再壓平。

7

將 6 切半並排貼合，稍微拉長後壓平。再切半貼合，重複相同的作業，直到飴糖成為8條並排成長方形為止。修整外形，放在飴糖專用燈下等保溫備用。

8

一面加熱 5 的大飴糖，一面用手延展成和 7 相同大小的長方形。

9

在矽膠烤盤墊上放上果醬，翻摺包夾後，放入微波爐中加熱至人體體溫程度後，放到 8 的大飴糖上。
＊果醬若是冷的，飴糖會變涼凝固，無法平均分布，所以要加熱使用。

10

將 9 摺半確實黏合兩端，整合成棒狀。為避免果醬滲出，拉長、摺疊的作業只重複3次，讓果醬融入飴糖中，配合 7 將長度調整成棒狀。

11

在 7 貼合的飴糖上放上 10，連同矽膠烤盤墊一起捲包起來。

12

一面加熱 11，一面揉搓成直徑約1.5cm的繩狀。用飴糖用剪刀剪成容易作業的長度。

13

再剪成三角形，讓其落入冰冷的工作台上。涼了之後立即裝入玻璃紙袋中封口。
＊剪塊時若太硬會碎掉。適宜硬度的大致標準是，壓起來是硬的，但是會稍微凹陷下去（飴糖約30℃時）的程度。因有濕氣，需立即裝入附乾燥劑的袋子裡。

Berlingot à la figue
無花果

分量　成品780g

糖漿 sirop　用壓力鍋燜煮以下材料備用（→P.216）

　白砂糖 sucre semoule —— 500g
　水飴 glucose —— 100g
　水 eau —— 200g

檸檬酸 acide citrique —— 4g

色素 colorant（法國Sevarome公司的飴糖用色素）

＊分別用9倍量的伏特加溶解稀釋的分量。

　檸檬的黃色 jaune citron —— 5滴
　覆盆子的紅色 rouge framboise —— 1滴
　開心果的綠色 vert pistache —— 1滴

無花果果醬 confiture de figues —— 50g

＊使用和無花果糊等量的白砂糖，水果糊5%的果膠，
和杏桃果醬相同作法（→P.199），相對於成品250g，
加入5g（2%）的果膠，再重新煮沸為止。

色素和果醬改用上述材料（圖a～b），和杏桃的作
法相同（→P.226）。

a
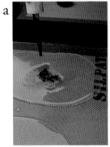

b

Berlingot à la framboise
覆盆子

分量　成品780g

糖漿 sirop　用壓力鍋燜煮以下材料備用（→P.216）

　白砂糖 sucre semoule —— 500g
　水飴 glucose —— 100g
　水 eau —— 200g

檸檬酸 acide citrique —— 4g

色素 colorant（法國Sevarome公司的飴糖用色素）

＊用9倍量的伏特加溶解稀釋的分量。

　覆盆子的紅色 rouge framboise —— 5滴

覆盆子果醬 confiture de framboises —— 50g

＊製作帶籽覆盆子果醬（→P.200），
相對於成品250g，加入5g（2%）的果膠，
再重新煮至沸騰為止。

色素和果醬改用上述材料（圖a～b），和杏桃的作
法相同（→P.226）。

a
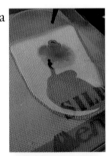

b

Berlingot à la fraise
草莓

分量　成品780g

糖漿 sirop　用壓力鍋燜煮以下材料備用（→P.216）

> 白砂糖 sucre semoule —— 500g
> 水飴 glucose —— 100g
> 水 eau —— 200g

檸檬酸 acide citrique —— 4g

色素 colorant（法國Sevarome公司的飴糖用色素）

＊用9倍量的伏特加溶解稀釋的分量。

> 草莓的紅色 rouge fraise —— 5滴

草莓果醬 confiture de fraises —— 50g

＊使用草莓糊等量的白砂糖，水果糊5%的果膠，
和杏桃果醬相同作法（→P.199），
相對於成品250g，加入5g（2%）的果膠，再重新煮沸為止。

色素和果醬改用上述材料（圖a～b），和杏桃的作
法相同（→P.226）。

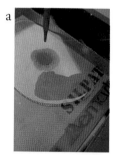

a

b

Berlingot au miel
蜂蜜

分量　成品780g

糖漿 sirop　用壓力鍋燜煮以下材料備用（→P.216）

> 白砂糖 sucre semoule —— 500g
> 水飴 glucose —— 100g
> 水 eau —— 200g

檸檬酸 acide citrique —— 4g

色素 colorant（法國Sevarome公司的飴糖用色素）

＊分別用9倍量的伏特加溶解稀釋的分量。

> 覆盆子的紅色 rouge framboise —— 2滴
> 柳橙 orange —— 2滴
> 開心果的綠色 vert pistache —— 1滴

蜂蜜 miel —— 50g

若不用白濁的蜂蜜（圖a），濃度會太稀，剪斷時
會流出。蜂蜜也和果醬一樣稍微加熱後使用。

色素以上述材料製作（圖b），果醬改為蜂蜜（圖
c），和杏桃的作法相同（→P.226）。

a

c

b

Berlingot à la bergamote
佛手柑風味
──不拉長製作的飴糖──

分量　成品780g

糖漿 sirop　用壓力鍋燜煮以下材料備用（→P.216）

＊煮1小時以上的糖漿，在24小時以內使用完畢。

```
┌ 白砂糖 sucre semoule ── 500g
│ 水飴 glucose ── 100g
└ 水 eau ── 200g
```

色素 colorant（法國Sevarome公司的飴糖用色素）

＊用9倍量的伏特加溶解稀釋的分量。

```
┌ 開心果的綠色 vert pistache ── 5滴
```

佛手柑香料 essence de bergamote ── 5g

＊使用Mikoya香商的「佛手柑香精」。

1
在單柄銅鍋（→P.7）中放入做好備用的糖漿，加熱至158℃。四分之三量倒到矽膠烤盤墊上，剩餘的半量平均倒成兩份。

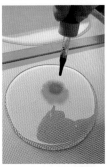

2
在一塊小飴糖中加入綠色色素5滴。

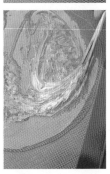

3
在大飴糖中加入佛手柑香料，用筷子等混合，讓香料的酒精成分揮發。

4
若溫度能用耐熱手套觸碰、翻摺邊緣後，加入2的色素的小飴糖，如混合色素般一面摺疊，一面整合成香腸狀。剩餘的兩塊飴糖也同樣的分別整合成香腸狀，放在飴糖專用燈下等保溫備用。

5
小飴糖一面分別加熱，一面揉搓成直徑1.5cm的繩狀，並排貼合。

6
拉著兩端拉長延展，壓平後長度切半，並排貼合。

7
重複6的作業，直到飴糖成為8條為止。修整成長方形，放在飴糖專用燈下等保溫備用。

8
大飴糖修整成和7等長，直徑4～5cm的棒狀。

9
在7貼合的飴糖上放上8，連同矽膠烤盤墊一起捲包起來。

10
一面加熱9，一面揉搓成直徑約1.5cm的繩狀。用飴糖用剪刀先剪成容易作業的長度後，再剪成三角形，讓其落入冰冷的工作台上。涼了之後立即裝入附乾燥劑的袋子裡封口。

Méli-Mélo
梅麗梅羅糖

如同Salad méli-mélo是綜合沙拉般，
Méli-mélo是指「混合品」。
這個飴糖也是用3種水果軟糖組合構成，
用五顏六色的飴糖捲包再剪裁製成。外形呈長方形。
食用之際，裡面會出現水果軟糖。
若只用食用色素和香料製作，會很乏味無趣。
我試著加入有自我風格的水果軟糖。
藉此完成新鮮感十足的飴糖。
飴糖五彩繽紛、富水果味。若只用香料製作更簡單。
我認為不只追求美觀，還希望追求美味是甜點職人的天性。
本店共推出紅、黃、綠3種梅麗梅羅糖，這裡介紹的是紅色口味。
放在裡面的水果軟糖，
黃色的是杏桃、萊姆和百香果風味，
綠色的是青蘋果和奇異果風味，
而紅色的是黑醋栗、覆盆子和草莓風味的水果軟糖。

Méli-Mélo
梅麗梅羅糖

分量　成品約830g

糖漿 sirop　用壓力鍋燜煮以下材料備用（→P.216）

＊煮1小時以上的糖漿，在24小時以內使用完畢：

> 白砂糖 sucre semoule —— 500g
>
> 水飴 glucose —— 100g
>
> ＊水飴的保濕性能防止飴糖泛白、糖化，
> 也能降低甜味，因此添加。
>
> 水 eau —— 200g

色素 colorant（法國Sevarome公司的飴糖用色素）

＊分別用9倍量的伏特加溶解稀釋的分量。

> 草莓的紅色 rouge fraise —— 9滴
>
> 覆盆子的紅色 rouge framboise —— 6滴
>
> 藍色 bleu undigotine —— 3滴

檸檬酸 acide citrique —— 0.5g×4＋2g

水果軟糖3種 pâte de fruits —— 共50g

＊草莓、覆盆子、黑醋栗3種。參照杏桃的水果軟糖
（→P.288），使用不同的水果糊製作而成。採用邊料也
行。放入50℃的烘箱（保溫・乾燥庫）保溫備用。

1

在單柄銅鍋（→P.7）中放入
做好備用的糖漿，加熱至
158℃。先將三分之二量倒
到矽膠烤盤墊上，剩餘的平
均分成4等份也倒到烤盤墊
上。4塊中只有一塊大一
點。

2

在4塊中稍大的那塊飴糖
上，用滴管滴上草莓的紅色
色素9滴，其餘2塊分別滴上
覆盆子的紅色6滴，以及藍
色3滴，包含不加色素的飴
糖共4種顏色。

3

稍涼後，將檸檬酸分成4等
份，小飴糖各放入0.5g，大
飴糖則加入2g。

＊糖漿太熱，檸檬酸會焦
掉。

4

用筷子分別混合，若溫度降
至能用耐熱手套觸碰，從邊
端弄圓後，揉成團。

5

分別同時揉整成香腸狀，大飴糖用飴糖專用燈等保溫備用。

6

分成4等份的飴糖，同時反覆進行拉長、摺疊作業直到泛白為止。如果凝固，可用矽膠烤盤墊包好，放入微波爐加熱。

7

將6放在飴糖專用燈下，一面加熱，一面分別揉搓4色的飴糖，揉成相同長度的繩狀。

8

將7的飴糖並排貼合按壓，讓它延展變平。

9

用飴糖用剪刀將長度剪半，再並排貼合。共排8條飴糖。

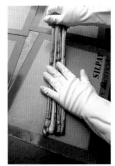

10

一面按壓，一面拉長，壓平延展。和9同樣的剪斷後貼合、壓平，讓16條飴糖並排，保溫備用。

11

剩下的大飴糖反覆進行拉長、摺疊作業直到泛白為止，將其擴展成長方形，放上保溫備用的水果軟糖後捲包起來。

12

將11反覆拉長、摺疊作業共進行2～3次。對齊10的飴糖長度，修整成棒狀。
＊因水果軟糖會滲出，所以作業2～3次就行。

13

在保溫備用的10上放上12，以製作海苔捲的要領，連同矽膠烤盤墊一起捲包，一面揉搓，一面延展。為了讓飴糖均勻受熱，配合飴糖專用燈的長度剪斷，放在專用燈下保溫。

14

分別揉搓成直徑1.5cm的粗細。離開飴糖專用燈，用剪刀剪成1.5cm寬，讓其落入冰冷的工作台上。待涼至微溫後，立即裝入附乾燥劑的袋子裡。

Praliné feuilleté
千層堅果糖

這是堅果糖風味、口感酥脆的飴糖。

堅果糖的質地堅實。

組合飴糖後，可製作出許多層次。

組合拉長與不拉長的飴糖，以形成口感上的差異。

酥鬆的部分和堅硬的部分形成對比，

和使用柔軟的果醬和水果軟糖的「貝蘭蔲糖」或

「梅麗梅羅糖」（→P.224、232）相比，

這個糖的特點是口感有明顯的差異。

法國人酷愛口感有差異的東西，他們覺得這樣的口感較有趣。

這個糖若和貝蘭蔲糖形狀相同會很無趣，

因此我將它剪成四角形。

Praliné feuilleté
千層堅果糖

分量　成品約860g

深色堅果醬 praliné foncé（→P.209）—— 75g

即溶咖啡 café soluble —— 10g

烤脆片 feuillantine —— 10g

＊弄碎的薄餅狀脆片（市售品）。

糖漿 sirop　用壓力鍋燜煮以下材料備用（→P.216）

＊煮1小時以上的糖漿，在24小時以內使用完畢。

- 白砂糖 sucre semoule —— 500g
- 水飴 glucose —— 125g
- 水 eau —— 165g

咖啡濃縮萃取液 trablit —— 6g

酒石酸 acide tartrique —— 2g

1
在鋼盆中放入深色堅果醬、即溶咖啡和烤脆片混合。大致混合即可，隔水加熱，若變軟揉成棒狀。

2
在單柄銅鍋（→P.7）中放入做好備用的糖漿，以大火加熱。加熱至150℃時，火轉小，加入咖啡濃縮萃取液再加熱至155℃為止。

3
在置於台上的矽膠烤盤墊上，以1：2的比例分別倒上2。

4
稍微變涼後，大飴糖加入酒石酸後用筷子混合。若溫度降至能用耐熱手套觸碰，從邊端弄圓後，兩片都用飴糖專用燈等保溫。

5

加入酒石酸的大飴糖揉成團後，從兩端反覆進行拉長、摺疊作業，成為香腸狀後保溫備用。

6

小飴糖先揉成香腸狀。在此不拉長。

＊組合拉長過和不拉長的飴糖，是為了突顯酥脆的口感。

7

將 6 延展成厚約3mm的長方形。

8

拉長過的 5 的飴糖，延展成比 7 還小一圈的小長方形（圖後側）。

9

在 8 拉長過的飴糖上放上 1 捲包起來。捲好後確實封口。

10

將 9 反覆進行拉長、摺疊作業共3～4次。配合 7 的飴糖寬度，修整成棒狀。

＊因為餡料會露出，所以進行3～4次即可。

11

用飴糖專用燈等一面加熱，一面將 10 放到 7 的飴糖上，如製作海苔捲般連同矽膠烤盤墊一起捲包。

12

將 11 一面加熱，一面揉搓成繩狀。途中，用飴糖用剪刀一面剪成方便作業的長度，一面進行。

＊為了能在均勻受熱的飴糖專用燈下作業，配合專用燈的長度剪斷。

13

再分別同樣的揉搓後剪斷，揉成直徑約1.5cm的繩狀。

14

離開飴糖專用燈，用剪刀剪成1.5cm寬，讓其落入冰冷的工作台上。待涼至微溫後，立即裝入附乾燥劑的袋子裡。

Bergamote de Nancy
南錫佛手柑糖

「南錫佛手柑糖」和
「貝蘭蔻糖」（→P.224）都是基本中的基本飴糖，
任何手工糖果書中都曾出現過。
它是法國東北部洛林地區的南錫（Nancy）特產，
特色是加入佛手柑的香味。
說起來，2006年我在南錫餐廳所吃的鴨肉料理中
曾添加糖漬佛手柑，
當時我是首次親眼見到佛手柑這個柑橘類。
香味兒非常棒。在市場上都是帶葉販售。
關於南錫佛手柑糖的食譜，我查了新舊各種版本的食譜書，
有拉長製作的，也有不拉長擀成板狀後再剪製的。
有的有染色，有的不加色。我是採用拉長的飴糖製作。
我希望能讓大家享受口感上的落差。
糖如果一直很硬，吃起來就不輕鬆。
所以我外側飴糖不拉長，而拉長裡面的飴糖。

Bergamote de Nancy
南錫佛手柑糖

分量　成品780g

糖漿 sirop　用壓力鍋燜煮以下材料備用（→P.216）

＊煮1小時以上的糖漿，在24小時以內使用完畢。

> 白砂糖 sucre semoule ── 500g
> 水飴 glucose ── 100g
> 水 eau ── 200g

佛手柑香料 essence de bergamote ── 10g

＊使用Mikoya香商的「佛手柑香精」。

酒石酸 acide tartrique ── 2g

綠色色素（開心果的綠色）colorant vert pistache ── 10滴

＊法國Sevarome公司的飴糖用色素。
上述是用9倍量的伏特加溶解稀釋的分量。

1

在單柄銅鍋（→P.7）中放入做好備用的糖漿，加熱至155℃。

2

在矽膠烤盤墊上倒入四分之三的量，剩餘的再分成三分二和三分之一量倒到烤盤墊上。稍微涼了之後，小飴糖三分之一量的加0.9g酒石酸，三分之二量的加1.1g酒石酸。

3

最大的飴糖中加入佛手柑香料，最小的飴糖中加綠色色素。分別用筷子混合。

4

若能用耐熱手套觸碰，翻捲邊緣後，最大的飴糖整合成團，放在飴糖專用燈下等保溫。

5

將2個小飴糖分別揉成團，反覆進行拉長、摺疊作業至泛白為止，讓其中含有空氣。再保溫。

6

將5的飴糖分別一面加熱，一面揉搓成直徑1～1.5cm長度的棒狀，並排貼合。

7

拉住兩端拉長，壓平後長度再切半，同樣並排貼合。重複這項作業直到16條飴糖並排為止。修整成長方形，用飴糖專用燈等保溫備用。

8

將4保溫備用的飴糖揉成直徑4～5cm的棒狀，放在7貼合的飴糖上。如製作海苔捲般連矽膠烤盤墊一起捲包起來。

9

將8一面加熱，一面揉搓成直徑約1.5cm的棒狀。用飴糖用剪刀一面剪成方便作業的長度，一面進行。

10

剪成三角形，讓其落入冰冷的工作台上。涼了之後，立即裝入附乾燥劑的袋子裡封口。

Pastille d'orge
扁圓糖

「Pastille」是扁圓物的意思。

說起來，外形如藥片般的「扁圓糖」

好像是將「德爾吉長棒糖（Sucre d'orge）」

這種呈棒狀透明的飴糖橫切成圓片般。

這種扁平飴糖，以奧維涅地區著名的療養地——維琪特產的

「維琪糖錠（Pastille de Vichy）」最為著名，

其外形如同去角的長方形。

順帶一提，這種扁平的飴糖在其他地區也有。

我在書裡、旅途中都見過扁圓糖，我想若酒宴中推出應該很有趣吧，

我擔任希爾頓的甜點主廚後，就在飯店的宴會中實現了這個想法。

維琪糖錠厚約6～7mm，硬度大概牙齒咬不動。

這裡介紹的厚約3～4mm，飴糖煮到147℃，為牙齒能咬碎的硬度。

Pastille d'orge au citron
檸檬

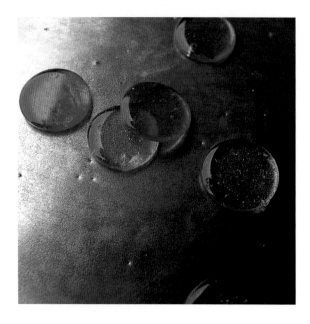

分量　21個份

＊準備直徑2.7cm、深約5mm的圓形矽膠模型
（→P.216，製作飴糖的準備）。

糖漿 sirop　用壓力鍋燜煮以下材料備用（→P.216）

＊煮1小時以上的糖漿，在24小時以內使用完畢。

白砂糖 sucre semoule ── 125g
水 eau ── 45g

檸檬的香料 arôme et colorant au citron ── 3滴

＊Florentines foods的製品。

原材料是果糖、葡萄糖液、濃縮果汁、乙醇、染色劑、
酸味劑等。右頁的草莓香料也相同。

色素 colorant（法國Sevarome公司的飴糖用色素）

＊分別用9倍量的伏特加溶解稀釋的分量。

檸檬的黃色 jaune citron ── 3滴
柳橙 orange ── 2滴

1
在單柄銅鍋（→P.7）中放入預先做好備用的糖漿，加熱至147℃。

2
在1的鍋底用水稍微冷卻後，放到濕毛巾上，加入香料和色素。

＊這個時間點糖漿溫度約為110℃。若高於這個溫度，香料的香味會揮發消失。

3
用筷子靜靜的混合，整體混雜即可。

4
從單柄銅鍋中直接將3倒入模型中。涼至微溫凝固後，壓住矽膠模型的底部一個個取出，立即裝入附乾燥劑的袋子裡封口。成品的厚度約3mm。

Pastille d'orge à la fraise
草莓

分量　21個份

＊準備直徑2.7cm、深約5mm的圓形矽膠模型
（→P.216・製作飴糖的準備）。

糖漿 sirop　用壓力鍋燜煮以下材料備用（→P.216）

＊煮1小時以上的糖漿，在24小時以內使用完畢。

> 白砂糖 sucre semoule —— 125g
> 水 eau —— 45g

草莓的香料 arôme et colorant à la fraise —— 3滴

色素 colorant（法國Sevarome公司的飴糖用色素）

＊用9倍量的伏特加溶解稀釋的分量。

> 草莓的紅色 rouge fraise —— 3滴

改用不同香料和色素（圖），和「檸檬」（→P.246）
的作法相同。

Pastille fondant
扁圓軟糖

這個糖的外形和「扁圓糖」（→P.244）大致相同。

煮到118℃添加顏色和味道的糖漿，經混拌使其糖化製成，

因為入口後會融化（＝fondant），

所以取名為「Pastille fondant」。

它是我以扁圓糖變化出的創作品，

和扁圓糖一樣，也在宴會時推出。

我考慮到它是餐後隨即食用的糖果，因此加入薄荷香料。

然而，我驚訝的發現，在知名餐廳「金字塔」的所在地

里昂的南維恩（Vienne）城，竟然也有相同的糖果。

那是我拜訪維恩時的事，我希望從法國回日本前，去維恩看看當地的

傳統甜點「維恩蛋糕（gâteau de Vienne）」，因而走訪了該地。

這個飴糖是倒入以40℃的烘箱（保溫‧乾燥庫）加熱過，

澱粉和糖粉混成的凹槽模中製成。

這也是應用威士忌甜心糖核心的製作手法。

這裡面使用的澱粉，在法國稱為「amidon」。

在比例3：1的砂糖和水混製的波美度36°的糖漿中，混入威士忌後加熱，

倒入弄成凹槽的澱粉中，再放入40℃的烘箱中只讓表面凝固。

將糖上下翻面，再待其凝固，讓表面的硬度均勻一致。

因為糖果只有表面凝固，所以從中能直接流出威士忌風味的糖漿。

在這個糖上裹覆巧克力淋面就成為威士忌甜心糖。

若澱粉不加熱會如何呢？那樣的話糖漿會滲入玉米粉中。

我在法國不是使用相同的澱粉，

經過多方嘗試，最後我使用糖粉和玉米粉混成的粉。

Pastille fondant à la menthe
薄荷

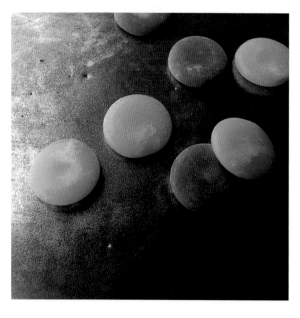

分量　154個份

玉米粉 amidon de maïs —— 適量Q.S.

糖粉 sucre glace —— 適量Q.S.

＊玉米粉和糖粉以1：1的比例混合，放入60×40cm的烤盤鋪至
邊緣，放入40℃烘箱（保溫‧乾燥庫）中靜置一天以上。
途中，混合翻拌讓它鬆散。
讓空氣進入粉中，糖漿就不會滲入其中。

糖漿 sirop

$\left[\begin{array}{l}\text{白砂糖 sucre semoule —— 500g} \\ \text{水 eau —— 167g}\end{array}\right.$

薄荷油 huile essentielle à la menthe —— 10g

＊下述的色素也是法國Sevarome公司的製品。

綠色色素（開心果的綠色）colorant vert pistache —— 3滴

＊用9倍量的伏特加溶解稀釋的分量。

1
從烘箱中取出加糖粉的玉米
粉，均勻鋪平。用直徑約
2.7cm、有底的模型或瓶蓋等
按壓，壓出約3mm深的圓形凹
槽。

2
在單柄銅鍋（→P.7）中放入糖
漿材料，加熱至118℃後離
火，再加薄荷油和綠色色素。

3
用打蛋器混合2，使其變白
濁。
＊空氣進入會結晶化，完成後
才能呈現鬆脆的口感。

4
待3變白濁後，迅速裝入填充
機（entonnoir）中。

5
在1的凹槽中填入4。

6
靜置5～10分鐘使其凝固。完
全凝固後取出，用毛刷刷上
粉。
＊若用烘箱保溫，玉米粉能使
用多次。

Pastille fondant à la fraise
草莓

分量　154個份

玉米粉 amidon de maïs —— 適量Q.S.

糖粉 sucre glace —— 適量Q.S.

＊和薄荷（→P.250）同樣的事先準備。

糖漿 sirop

[白砂糖 sucre semoule —— 500g

  水 eau —— 167g

草莓的香料 arôme et colorant à la fraise —— 10g

＊Florentines foods的製品。原材料是果糖、葡萄糖液、
濃縮果汁、乙醇、染色劑、酸味劑等。

紅色色素（草莓的紅色）colorant rouge fraise —— 3滴

＊法國Sevarome公司的飴糖用色素。
用9倍量的伏特加溶解稀釋的分量。

改用不同香料和色素（圖），和「薄荷」（→P.250）的
作法相同。

Caramel
牛奶糖

牛奶糖有硬式dur和軟式mou之分。

dur是糖漿加熱180～190℃成為焦糖後製作而成，

特色是非常堅硬，只能混入整顆堅果來表現，

完成的牛奶糖一定要趁熱切割，

也較難有美觀的外形。而且，只感到紮實堅硬的糖果，不會讓人覺得好吃。

相對地，mou是糖漿加熱至115～120℃製成，和dur相比溫度較低，

所以在底材的鮮奶油中加入香味濃的咖啡或紅茶等，

或是混入覆盆子等，都較不易散失香味。

此外，軟牛奶糖質地柔軟，所以混入切片杏仁或碎堅果等

也不會破碎，即使水果乾受熱變色，香味也很少散失。

換言之，能表現的範圍較廣，這是我選擇軟牛奶糖的原因。

到了1980年代，開始引進轉化糖「Trimoline」後，我才開始製作牛奶糖。

本店的牛奶糖，糖漿通常是加熱到116℃製成，

不過，若加入堅果或水果乾等異材料的話，較容易結晶化。

關於這點，若加入轉化糖，藉由其保濕性，

即使加入異材料，也能保持穩定的狀態，不易糖化。

現在本店的品項有：「榛果」、「巧克力」、「摩卡」、「杏仁」，

和使用本店品牌茶葉的「紅茶」，以及加入4％鹽的「鹹味牛奶糖」。

Caramel caramorange
橙香牛奶糖

分量　66個份

鮮奶油（乳脂肪成份45%）crème fraîche 45% MG —— 375g

白砂糖 sucre semoule —— 280g

水飴 glucose —— 225g

蜂蜜 miel —— 38g

轉化糖 trimoline —— 15g

無鹽奶油 beurre —— 30g

柳橙表皮 zeste d'orange hachée —— 1/2個份
＊切碎備用。

杏仁片 amandes effilées torréfiées —— 150g
＊烤過備用。

沙拉油 huile végétale —— 適量Q.S.

1
在銅鍋中放入鮮奶油、白砂糖、水飴和蜂蜜，以較強的中火加熱。
＊蜂蜜具有調味的作用。

4
加入烤過的杏仁片迅速混合。

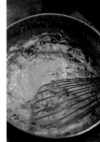

2
途中，為避免溫度超過100℃焦底，用打蛋器一面混拌，一面加熱至116℃。
＊溫度若超過100℃，一定會焦底。

5
在矽膠烤盤墊上，放上15mm寬的測量桿，內徑框成33×18cm的大小，在其中倒入4，抹平。置於常溫中一晚使其凝固，再拿掉測量桿。

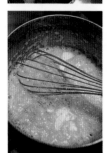

3
將2熄火，加入轉化糖混合，再加奶油和切碎的柳橙表皮混合，使其更有光澤。
＊轉化糖能提高保濕力，即使久放也能避免結晶化。

6
在事先磨鈍刀刃的刀上薄塗沙拉油，將5切成3cm正方塊，立即用玻璃紙包好。
＊刀上塗抹沙拉油，是為了讓焦糖不黏刀。

Caramel moka
摩卡牛奶糖

分量　55個份

鮮奶油（乳脂肪成份45%）crème fraîche 45% MG
—— 375g

白砂糖 sucre semoule —— 375g

水飴 glucose —— 168g

即溶咖啡 café soluble —— 8g

轉化糖 trimoline —— 15g

無鹽奶油 beurre —— 18g

沙拉油 huile végétale —— 適量Q.S.

a

b

c

d

① 在銅鍋中放入鮮奶油、白砂糖和水飴，加入即溶咖啡，以較強的中火加熱（圖a）。

② 途中，為避免溫度超過100℃焦底，用打蛋器一面混拌，一面加熱至116℃。

③ 將②熄火，加入轉化糖混合，再加奶油混合（圖b），使其更有光澤。

④ 在矽膠烤盤墊上，放上10mm寬的測量桿，內徑框成33×15cm的大小，在其中倒入③（圖c），抹平。置於常溫中一晚使其凝固，再拿掉測量桿。

⑤ 在事先磨鈍刀刃的刀上塗抹沙拉油，將④切成3cm正方塊（圖d），立即用玻璃紙包好。

Charitois
夏里托瓦

這是位於勃艮地地區羅亞爾河畔的拉沙里泰（La Charité sur Loirs）的特產。

此糖的定義是在軟牛奶糖（→P.253）上裹覆焦糖，

可説是不論什麼口味，應有盡有。

柳橙、薑、最後再加入少量鹽，就完成這個美味的個性牛奶糖。

我從巧克力甜心糖的甘那許，獲得這個味道組合的靈感。

通常，牛奶糖的基本材料是鮮奶油，但是為了不覆蓋其味道，

我減少脂肪成分多的鮮奶油，加入脫脂奶粉來凸顯柳橙的香味。

製作飴糖覆面用糖漿頗費工夫。

水和砂糖以4：1的比例混合，而且為了保濕混入水飴，煮沸後靜置一晚才使用。

這樣的話，砂糖和水融合後能散發漂亮的光澤，不易泛潮。

我想起在巴黎的酒宴承辦公司Potel et Chabot工作時，

時常製作的糖漿，經過不斷嘗試獲得了這個配方和作法。

這個糖漿煮成稍微上色的焦糖，再裹覆在牛奶糖上。

為了讓牛奶糖能夠承受高溫的焦糖，

我用比一般115～116℃高的125℃的溫度來煮，再凝固完成。

除了有刺激的薑味、濃厚的柳橙風味，還不時能嚐到鹹味。

那麼複雜的味道，使它成為熱銷的人氣商品。

順帶一提，2008年時，羅亞爾河畔的拉沙里泰已沒有店家販售這種牛奶糖了。

Charitois
夏里托瓦

分量　66個份

焦糖 caramel

```
┌ 鮮奶油（乳脂肪成份45％）crème fraîche 45％ MG ── 133g
│ 白砂糖 sucre semoule ── 250g
│ 水飴 glucose ── 33g
│ 脫脂奶粉 lait écrémé ── 3g
│ 柳橙汁 jus d'orange ── 150g
│ 柳橙濃縮果汁 jus d'orange concentré ── 3g
│ 檸檬汁 jus de citron ── 17g
│ 有鹽奶油 beurre demi-sel ── 33g
│ 薑（切碎）gingembre haché ── 7g
│ 鹽之花 fleur de sel ── 1g
│ ＊在日本也稱為「鹽之花」。
└ 在鹽田中，海面最初浮現的鹽結晶，味道鮮美。
```

沙拉油 huile végétale ── 適量Q.S.

飴糖覆面用糖漿 sirop pour plonger

＊在鍋裡放入以下材料煮沸，靜置一晚。

```
┌ 白砂糖 sucre semoule ── 333g
│ 水 eau ── 1333g
└ 水飴 glucose ── 500g
```

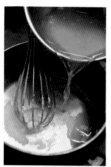

1
在銅鍋中放入鮮奶油、白砂糖、水飴、脫脂奶粉、柳橙汁和濃縮果汁，每次加入都要混合，以較強的中火加熱。為避免溫度超過100℃焦底，用打蛋器一面混拌，一面加熱至125℃。
＊減少鮮奶油分量，加入脫脂奶粉，才能突顯柳橙的味道。

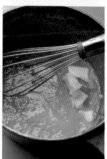

2
將1熄火，加入檸檬汁、切小塊的有鹽奶油和薑，每次加入都要混合。

3
最後加入鹽之花，為保留口感粗略混合即可。
＊為了讓成品中還能感覺到鹽，不必混合太均勻。

4
在矽膠烤盤墊上，放上15mm寬的測量桿，內徑框成22×12cm的大小，在其中倒入3。置於常溫中一晚使其凝固，凝固後拿掉測量桿。

5
為避免沾黏，在薄塗沙拉油的大理石上，將4翻面放置。在事先磨鈍刀刃的刀上薄塗沙拉油，將4切成2cm正方塊，保持間距排放。裹覆飴糖覆面時，為避免表面融化，先放入冷藏庫使其冷凝。

6
在開始進行5的作業之前，在銅鍋裡放入製作備妥的飴糖覆面用糖漿，以較強的中火加熱備用。稍微上色後慢慢加熱至170℃為止。
＊飴糖覆面用糖漿的砂糖和水的比例是1：4，和一般糖漿的比例相反。前一天煮好備用較易融合，也不易泛潮。

7
將6的鍋底泡水，以防止餘溫進入其中。

8
將7放在電磁爐上一面保溫，一面將5一個個放在巧克力用的叉子上浸入7中，飴糖覆面後，間隔排放在矽膠烤盤墊上。涼了之後立刻用玻璃紙包裝，以免泛潮。

L'Oreiller
枕頭糖

里昂的特產中，有個「里昂枕（Coussin de Lyon）」。
那是在杏仁膏中夾入水果軟糖（→P.286）或甘那許，
放入糖漿中浸漬一晚，讓砂糖結晶黏附在上面的糖果。
所有口味大多都是夾入甘那許。
多數是機器製造，杏仁的鮮度也不佳，
或許是為了避免出油，使用比砂糖比例多的杏仁膏，
很多都只有甜味，一點也不好吃。
為了讓它變美味，杏仁膏中使用我自己去皮的杏仁，
還夾入自製的水果軟糖。
最後浸漬糖漿，成為任何時候吃都很美味的糖，
原本只有甜味的甜點，藉由這個糖衣變成溫暖的甜味。
在杏仁膏中添加味道和顏色，屬於手工糖果的工作，
透過繽紛的色彩，味道也產生了變化，成為令人期待的甜點。
Coussin是「靠墊」的意思，原來是中央隆起，四周閉合的形狀。
這裡介紹的枕頭糖，和其外形稍有不同，
所以我試著稍加改變名稱，以具有「枕頭」之意的Oreiller來命名。

L'Oreiller à la pistache
開心果
—— 開心果＋草莓 ——

分量　56個份

草莓軟糖
Pâte de fruit à la fraise

> 草莓糊 pulpe de fraise —— 125g
>
> 白砂糖 sucre semoule —— 163g
>
> 果膠 pectine —— 4g
>
> ＊和分量中約一成的白砂糖混合備用。
>
> 水飴 glucose —— 42g
>
> ＊加入果膠中用剩的白砂糖混合備用。
>
> 酒石酸 acide tartrique —— 3g

開心果杏仁膏 massepain à la pistache

> 手工杏仁糖
> massepain confiserie（→P.205）—— 基本分量
>
> 摩拉根（利口酒）Moringué —— 10g
>
> ＊法屬留尼旺島（舊波旁島）威貝魯（音譯）公司製的開心果和堅果仁風味的利口酒。酒精度數是17％。
>
> 開心果果醬 pâte de pistache —— 13g
>
> ＊使用烤過的開心果製作的堅果醬。
>
> 綠色色素 colorant vert —— 適量Q.S.
>
> ＊用少量水溶解備用。

糖粉（作為防沾粉）sucre glace pour fleurage
—— 適量Q.S.

波美度30°的糖漿 srop à 30°B（→P.202）
—— 適量Q.S.

波美度36°的糖漿 srop à 36°B —— 適量Q.S.

＊在1000g的水中，加入3000g白砂糖煮沸至106℃，放涼。

1
參照P.291的①～②製作水果軟糖糊，在矽膠烤盤墊上，放上適當寬度的測量桿，內徑框成16×21cm的大小，將水果軟糖糊倒入其中。厚度為4mm。觸碰不沾手後，拿掉測量桿。

2
在大理石上撒上取代防沾粉的糖粉，放上分量的手工杏仁糖、加入摩拉根利口酒、開心果果醬和色素。

3
一面攪拌，一面調整顏色和香味。

4

在輕撒糖粉的大理石上，平行放上2根寬4mm的測量桿，中央間距16cm，其間放上3的半量，用普通的擀麵棍粗略擀開。接著用條紋花樣的擀麵棍碾壓，在表面加上條紋花樣。

5

切除邊端成為16×21cm的大小，用撒了糖粉的金屬盤挑取。翻面放在另一片撒了糖粉的金屬盤上，條紋花樣朝下。
＊使用金屬盤，是為了不破壞條紋花樣，且容易滑動。

6

在1上用毛刷刷上波美度30°的糖漿，取代接著劑。

7

在置於金屬盤上的5上面，四角對齊放上6，揭下矽膠烤盤墊。

8

滑動7放到撒了糖粉的矽膠烤盤墊上，上面用毛刷塗上波美度30°的糖漿。

9

和4同樣的擀開剩餘的杏仁膏，切成16×21cm的大小。用撒了糖粉的金屬盤挑取，條紋花樣朝上，滑動重疊到8上。

10

巧克力吉他切刀（Chitarra）上撒上糖粉，放上9切成3×2cm的大小。巧克力吉他切刀的線每切一次就要擦乾淨。

11

在淺盤放上網架，稍微保持間距排放上10。靜置一晚使其變乾，連同網架放入方形鋼盤中。

12

從11的方形鋼盤邊，靜靜的倒入波美度36°的糖漿覆蓋整體，蓋上有孔的紙蓋靜置一晚，使其結晶化（圖中是組合其他種類的枕頭糖一起作業）。

13

取出放在網架上，晾乾。
＊因為表面已糖化（結晶化），所以可長期保存也不走味。

L'Oreiller au kirsch

櫻桃白蘭地 ── 櫻桃白蘭地＋黑醋栗 ──

分量　56個份

黑醋栗軟糖 pâte de fruit au cassis

> 黑醋栗糊 pulpe de cassis ── 85g
>
> 杏桃糊 pulpe d'abricot ── 40g
>
> 白砂糖 sucre semoule ── 163g
>
> 果膠 pectine ── 4g
>
> ＊和分量中約一成的白砂糖混合備用。
>
> 水飴 glucose ── 42g
>
> ＊加入果膠中用剩的白砂糖混合備用。
>
> 酒石酸 acide tartrique ── 3g

櫻桃白蘭地杏仁膏 massepain au kirsch

> 手工杏仁糖
> massepain confiserie（→P.205）── 基本分量
>
> 櫻桃白蘭地 kirsch ── 10g

糖粉（作為防沾粉）sucre glace pour fleurage ── 適量Q.S.

波美度30°的糖漿 srop à 30°B（→P.202）── 適量Q.S.

波美度36°的糖漿 srop à 36°B（→P.262）── 適量Q.S.

a

① 　參照P.291的①～②，一起加入2種水果糊製作水果軟糖糊，和P.262的步驟 1 一樣倒入16×21cm大小的框中，待其凝固。

② 　在撒了取代防沾粉的糖粉的大理石上，放上分量的手工杏仁糖，加入櫻桃白蘭地混揉，以增加香味（圖a）。

③ 　參照P.263的步驟 4 ～ 13，在已調味的杏仁膏中夾入水果軟糖再切塊，放入波美度36°的糖漿中浸泡，使其結晶化。

L'Oreiller au citron
檸檬 —— 檸檬＋奇異果 ——

分量　56個份

奇異果軟糖 pâte de fruit au kiwi

┌ 奇異果糊 pulpe de kiwi —— 125g
　白砂糖 sucre semoule —— 163g
　果膠 pectine —— 4g
　＊和分量中約一成的白砂糖混合備用。
　水飴 glucose —— 42g
　＊加入果膠中用剩的白砂糖混合備用。
└ 酒石酸 acide tartrique —— 3g

檸檬杏仁膏 massepain au citron

┌ 手工杏仁糖
　massepain confiserie（→P.205）—— 基本分量
　凱瓦檸檬酒（利口酒）Kéva —— 5g
　＊法國Wolfberger Distillateur公司製。
　以檸檬、萊姆、白蘭地釀製的亞爾薩斯產檸檬風味酒。
　檸檬香料 pâte de citron —— 15g
　＊法國Florentine公司製的檸檬醬。
　黃色色素 colorant jaune —— 適量Q.S.
└ ＊用少量水溶解備用。

糖粉（作為防沾粉）sucre glace pour fleurage —— 適量Q.S.
波美度30°的糖漿 srop à 30°B（→P.202）—— 適量Q.S.
波美度36°的糖漿 srop à 36°B（→P.262）—— 適量Q.S.

a

b

① 參照P.291的①～②，製作奇異果軟糖糊，和P.262的步驟1一樣倒入16×21cm大小的框中，待其凝固。

② 在撒了取代防沾粉的糖粉的大理石上，放上分量的手工杏仁糖，加入凱瓦檸檬酒、檸檬香料和色素混揉（圖a～b）。

③ 參照P.263的步驟4～13，在已增加風味和顏色的杏仁膏中，夾入水果軟糖後切塊，放入波美度36°的糖漿中浸泡，使其結晶化。

L'Oreiller à la framboise
覆盆子
—— 覆盆子＋百香果 ——

分量　56個份

百香果軟糖 pâte de fruit au fruit de la passion
「百香果糊 pulpe de fruit de la passion —— 125g
　白砂糖 sucre semoule —— 163g
　果膠 pectine —— 4g
　＊和分量中約一成的白砂糖混合備用。
　水飴 glucose —— 42g
　＊加入果膠中用剩的白砂糖混合備用。
└酒石酸 acide tartrique —— 3g

覆盆子杏仁膏 massepain à la framboise
「手工杏仁糖
　massepain confiserie（→P.205）—— 基本分量
　覆盆子白蘭地酒
　eau-de-vie de framboise —— 5g
　覆盆子香料
　concentré de purée de framboise —— 9g
　＊濃縮水果醬。
　使用瑞士Hero公司的Fruit compound raspberry。
　紅色色素 colorant rouge —— 少量Q.S.
└＊用少量水溶解備用。

糖粉（作為防沾粉）sucre glace pour fleurage —— 適量Q.S.
波美度30°的糖漿 srop à 30°B（→P.202）—— 適量Q.S.
波美度36°的糖漿 srop à 36°B（→P.262）—— 適量Q.S.

a

b

① 參照P.291的①〜②，製作百香果軟糖糊。但是，已混合砂糖的果膠在一加熱百香果糊時就要立即加入。和P.262的步驟 1 一樣倒入16×21cm大小的框中，待其凝固。
＊百香果含有許多果膠，容易變硬，所以要儘快加入。
② 在撒了取代防沾粉的糖粉的大理石上，放上分量的手工杏仁糖，加入覆盆子白蘭地酒、覆盆子香料和色素混揉（圖a〜b）。
③ 參照P.263的步驟 4 〜 13，在已增加風味和顏色的杏仁膏中，夾入水果軟糖後切塊，放入波美度36°的糖漿中浸泡，使其結晶化。

L'Oreiller au chocolat
巧克力
—— 巧克力＋椰子 ——

分量　56個份

椰子軟糖 pâte de fruit à la noix de coco

> 椰子糊 pulpe de noix de coco —— 95g
> 西洋梨糊 pulpe de poire —— 30g
> 白砂糖 sucre semoule —— 163g
> 果膠 pectine —— 4g
> ＊和分量中約一成的白砂糖混合備用。
> 水飴 glucose —— 42g
> ＊加入果膠中用剩的白砂糖混合備用。
> 酒石酸 acide tartrique —— 3g

巧克力杏仁膏 massepain au chocolat

> 手工杏仁糖
> massepain confiserie（→P.205）—— 基本分量
> 可可奶油餡 crème de cacao —— 17g
> 可可粉 cacao en poudre —— 23g
> ＊法國法芙娜（Valrhona）公司製的無糖可可粉。

糖粉（作為防沾粉）sucre glace pour fleurage —— 適量Q.S.
波美度30°的糖漿 srop à 30°B（→P.202）—— 適量Q.S.
波美度36°的糖漿 srop à 36°B（→P.262）—— 適量Q.S.

a

b

① 參照P.291的①～②，一起加入2種水果糊製作水果軟糖糊，和P.262的步驟1一樣倒入16×21cm大小的框中，待其凝固。

② 在撒了取代防沾粉的糖粉的大理石上，放上分量的手工杏仁糖，加入可可奶油餡和可可粉混揉（圖a～b）。

③ 參照P.263的步驟4～13，在已增加風味和顏色的杏仁膏中，夾入水果軟糖後切塊，放入波美度36°的糖漿中浸泡，使其結晶化。

Le Négus
尼格斯焦糖

這是在添加顏色和味道的杏仁膏上裹覆焦糖的甜點。

是法國中部涅夫勒省（Nièvre）省廳所在地納韋爾（Nevers）的特產。

因為我也製作使用手工杏仁糖（→P.205）的「枕頭糖」（→P.260）和

裹覆焦糖的「夏里托瓦」（→P.256），

所以我利用相同的配料，試著製作尼格斯焦糖。

染色的手工杏仁糖，以模型塑成

星星、新月、心形和三葉草的外形。

可愛的外形與顏色令人賞心悅目。

相對於外表薄脆的飴糖覆面，

和口感黏稠的杏仁膏兩者間的對比充滿趣味，

最好所有口味都做好之後，再一起進行飴糖覆面的作業。

順帶一提，這個糖可使用枕頭糖用剩的染色手工杏仁糖。

Le Négus à la pistache
開心果

分量　24～25個份

開心果杏仁膏 masseoain à la pistache

> 手工杏仁糖 massepain confiserie（→P.205）── 130g
>
> 摩拉根（利口酒）Moringué ── 2.5g
>
> ＊法屬留尼旺島（舊波旁島）威貝魯（音譯）公司製的
> 開心果和堅果仁風味的利口酒。
>
> 開心果果醬 pâte de pistache ── 3g
>
> ＊使用烤過的開心果製作的堅果醬。
>
> 綠色色素 colorant vert ── 適量Q.S.
>
> ＊用少量水溶解備用。

飴糖覆面用糖漿 sirop pour plonger（→P.258）── 適量Q.S.
＊分量製作多一點，最好所有口味的糖一起沾裹飴糖。

① 參照P.262的步驟 2 ～ 3，在手工杏仁糖中加入開心果的顏色和香味。

② 在兩側放置寬10mm的測量桿，擀開①後，用沾了糖粉（分量外）、寬2.5cm的三葉草模型切取。

③ 參照「夏里托瓦」（→P.258）的步驟 6 ～ 8 煮飴糖，將②放在巧克力用叉子上浸沾飴糖，排放在矽膠烤盤墊中待其晾乾。乾了之後，裝入玻璃紙袋中。

Le Négus au citron
檸檬

分量　22～24個份

檸檬杏仁膏 massepain au citron

> 手工杏仁糖 massepain confiserie（→P.205）── 130g
>
> 凱瓦檸檬酒（利口酒）Kéva ── 1g
>
> ＊法國Wolfberger Distillateur公司製。
> 以檸檬、萊姆、白蘭地釀製的亞爾薩斯產檸檬風味酒。
>
> 檸檬香料 pâte de citron ── 4g
>
> ＊法國Florentine公司製的檸檬醬。
>
> 黃色色素 colorant jaune ── 適量Q.S.
>
> ＊用少量水溶解備用。

飴糖覆面用糖漿 sirop pour plonger（→P.258）── 適量Q.S.

① 參照枕頭糖的「檸檬」（→P.265）的②，在手工杏仁糖中添加顏色和香味。

② 在兩側放置寬10mm的測量桿，擀開①後，用沾了糖粉（分量外）、寬3cm的星星模型切取。

③ 參照上述「開心果」的③沾裹飴糖。

Le Négus à la framboise
覆盆子

分量　18〜20個份

覆盆子杏仁膏 massepain à la framboise

```
┌ 手工杏仁糖 massepain confiserie（→P.205）—— 130g
│ 覆盆子白蘭地酒 eau-de-vie de framboise —— 1g
│ 覆盆子香料 concentré de purée de framboise —— 2g
│ ＊濃縮水果醬。使用瑞士Hero公司的Fruit compound raspberry。
│ 紅色色素 colorant rouge —— 適量Q.S.
└ ＊用少量水溶解備用。
```

飴糖覆面用糖漿 sirop pour plonger（→P.258）—— 適量Q.S.

① 參照枕頭糖的「覆盆子」（→P.266）的②，在手工杏仁糖中添加顏色和香味。

② 在兩側放置寬10mm的測量桿，擀開①後，用沾了糖粉（分量外）、寬3cm的心形模型切取。參照「開心果」（→P.270）的③沾裹飴糖。

Le Négus au kirsch
櫻桃白蘭地

分量　20〜22個份

櫻桃白蘭地杏仁膏 massepain au kirsch

```
┌ 手工杏仁糖 massepain confiserie（→P.205）—— 130g
└ 櫻桃白蘭地 kirsch —— 2.5g
```

飴糖覆面用糖漿 sirop pour plonger（→P.258）—— 適量Q.S.

① 參照枕頭糖的「櫻桃白蘭地」（→P.264）的②，在手工杏仁糖中添加香味。

② 在兩側放置寬10mm的測量桿，擀開①後，用沾了糖粉（分量外）、寬3cm的新月形模型切取。參照「開心果」（→P.270）的③沾裹飴糖。

Le Négus au chocolat
巧克力

分量　18〜20個份

巧克力杏仁膏 massepain au chocolat

```
┌ 手工杏仁糖 massepain confiserie（→P.205）—— 130g
│ 可可奶油餡 crème de cacao —— 4g
│ 可可粉 cacao en poudre —— 23g
└ ＊法國法芙娜（Valrhona）公司製的無糖可可粉。
```

飴糖覆面用糖漿 siroppourplonger（→P.258）—— 適量Q.S.

① 參照枕頭糖的「巧克力」（→P.267）的②，在手工杏仁糖中添加顏色和香味。

② 在兩側放置寬10mm的測量桿，擀開①後，用沾了糖粉（分量外）、寬3cm的十字形模型切取。參照「開心果」（→P.270）的③沾裹飴糖。

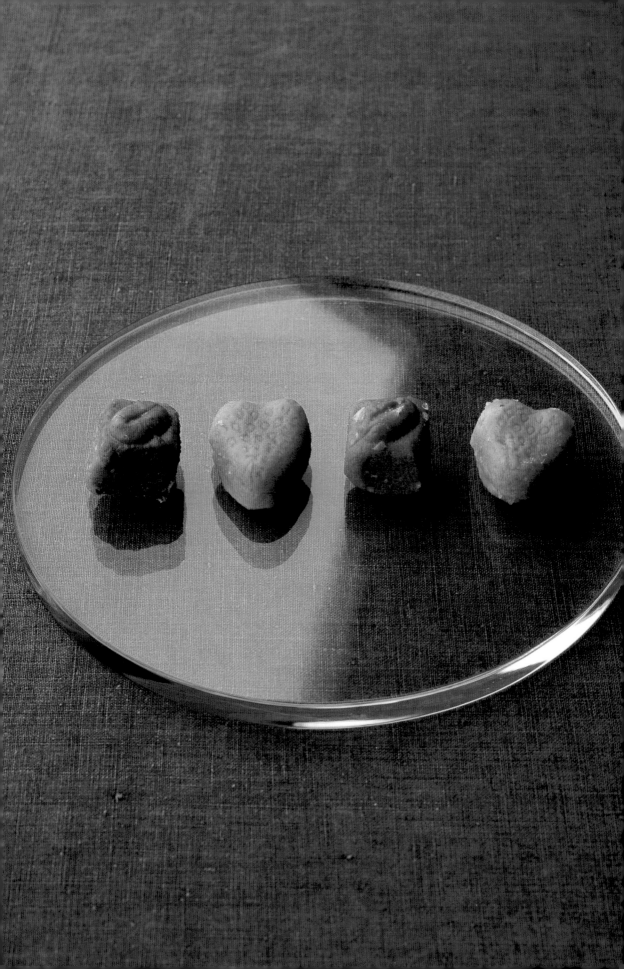

Fondant

翻糖

手工糖果是操控砂糖的甜點，

以砂糖製作的翻糖，是手工糖果中不可或缺的甜點。

這裡介紹的是在翻糖中調味的糖果。

在翻糖中調味，是過去的手工糖果書中常見的技法。

1960～70年代的巴黎手工糖果店，也常販售這類糖果。

翻糖以砂糖製作，但具有和砂糖不同的溫暖甜味，

和食用等量的砂糖比較起來，翻糖不會讓人覺得「甜得過分」。

它的好吃甜味，我自己也喜歡。

這樣可口的甜味中，我運用水果糊或咖啡來調味。

Fondant à la fraise
草莓翻糖

分量　10個份

＊準備約3cm大小的草莓模型（以矽膠自製而成）。

草莓味翻糖 fondant à la fraise

$\left[\begin{array}{l}\end{array}\right.$ 白砂糖 sucre semoule —— 250g
水 eau —— 100g
水飴 glucose —— 25g
草莓糊 pulpe de fraise —— 50g

波美度36°的糖漿 srop à 36°B —— 適量Q.S.

＊在1000g的水中，加入3000g白砂糖煮沸至106℃，放涼。

1
在銅鍋中放入白砂糖、水和水飴，煮至148℃。煮到140℃時，在別的鍋裡放入解凍備用的草莓糊，以大火加熱煮沸，再加入達到148℃的糖漿中，用筷子混合。這時糖漿的溫度約變為120℃。

＊混合冰的草莓糊不易混勻，所以草莓糊也加熱。

2
在大理石上倒入 1 讓其擴展。為避免溫度不均，用木匙或三角抹刀混合，讓其擴展至一定程度，涼至40℃為止。

3
用攪拌匙激烈攪拌 2，直到變得白濁、鬆散為止。用手揉捏直到成團散發光澤為止。不立即使用時，因為會變乾，所以用保鮮膜包好備用。

4
在鍋裡放入 3 的翻糖，用木匙如叩擊般混合，加熱至60℃，呈濃稠的乳霜狀為止。

＊翻糖用於淋面時，雖然是30℃，不過要凝固時需達60℃。30℃無法凝固，在 6 沾裹糖漿時會融化。此外，若溫度達60℃以上凝固時，因粒子變大，口感會變得不滑順。

5
用10號圓形擠花嘴，將 4 擠入草莓模型中，凝固後取出，排放在網架上。

6
將 5 連同網架一起放入方形鋼盤中，從鋼盤邊靜靜的倒入波美度36°的糖漿覆蓋整體，蓋上有孔的紙蓋靜置一晚，使其結晶化。取出網架，晾乾（→P.263・12～13。圖中是組合右頁的咖啡口味一起作業）。

Fondant au café
咖啡翻糖

分量　9個份

＊準備約3cm正方的模型（以矽膠自製而成）。

咖啡味翻糖 fondant au café

> 熱水 eau chaude —— 50g
> 磨碎的咖啡豆（中焙）café moulu —— 40g
> 白砂糖 sucre semoule —— 250g

波美度36°的糖漿 srop à 36°B（→P.274）—— 適量Q.S.

1
煮沸熱水，用濾杯沖煮咖啡，取代糖漿的水。

4
用攪拌匙激烈攪拌 3，直到變得白濁、鬆散為止。

2
在大鍋中放入白砂糖和 1 的咖啡液，開火加熱煮至116℃。
＊煮沸後容易溢出，所以要用大鍋。

5
用手揉捏直到成團散發光澤為止。不立即使用時，因為會變乾，所以用保鮮膜包好備用。

3
和「草莓翻糖」（→P.274）的 2 同樣的在大理石倒上 2，翻拌涼至40℃為止。

6
和「草莓翻糖」（→P.274）的 4～6 相同，加熱 5 的翻糖成為乳霜狀後，擠入模型中，放入波美度36°的糖漿中浸泡一晚使其結晶化。再取出網架，晾乾。

Guimauve
棉花糖

棉花糖不是手工糖果店的商品，而是在慶典攤販上能看到的甜點。

製作成長條狀，「Comme ça？（這麼多可以嗎？）」

商家詢問後剪裁販售。

我覺得「好有趣啊」，於是開始製作。

我將棉花糖編織後販售，不過有段時間也曾放棄編織。

因為時間一久，編織處會鬆開。

當時我採用香料和酒來增加棉花糖的香味。

在義式蛋白霜中倒入熱糖漿，再混入吉利丁來製作，

不過在蛋白霜中加入香料的階段，氣泡會破滅。

我想蛋白霜本身太稀薄，是造成棉花糖鬆開的原因。

像現在使用水果糊後，棉花糖就很穩定，不再鬆開了。

將香料改用水果糊是我製作飴糖之後的事。

我試著用香料、果泥和果醬等來增加風味，

根據不同製造商和商品，飴糖有時糖化、有時泛潮，品質不穩定，

我也讓廠商寄來各式各樣的香料，不斷的反覆嘗試和實驗。

有了這些經驗後，或許日後我會重新評估棉花糖的香料。

使用水果糊後，棉花糖不僅不會鬆開，味道也一直很好。

我覺得還是編織的棉花糖較有氣氛。多虧飴糖的幫忙。

Guimauve à la fraise
草莓

分量　36cm長8～9條份

草莓糖漿 sirop à la fraise

┌　草莓糊 pulpe de fraise —— 75g
│　＊攪碎備用。
│
│　白砂糖 sucre semoule —— 150g
└　水飴 glucose —— 100g

蛋白 blancs d'œufs —— 50g

水飴 glucose —— 150g

吉利丁片 gélatine en feuilles —— 15g
＊泡水回軟備用。

紅色色素 colorant rouge fraise —— 適量Q.S.
＊法國Sevarome公司的飴糖用色素「草莓的紅色rouge fraise」。
用9倍量的伏特加溶解稀釋。

防沾粉 fleurage —— 適量Q.S.
＊糖粉（sucre glace）和玉米粉（amidon de maïs）
以1：1的比例混合使用。

1
在銅鍋中放入草莓糖漿的材料後加熱，一面混合，一面加熱至120℃為止。途中約達112～114℃時，用攪拌機以高速攪打蛋白開始製作蛋白霜。

2
待1的糖漿成為120℃，稍後在別的鍋裡放入水飴150g加熱煮沸。

3
將1的攪拌機稍微減速，從蛋白霜的攪拌缸邊緣倒入溫度達120℃的草莓糖漿。倒完之後改回高速攪打。

4
攪拌機再減速，和3同樣的倒入2的煮沸水飴，倒完之後改回高速攪打。

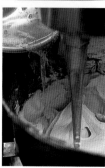

5
在鋼盆中放入瀝除水分的吉利丁，加熱一下使其融化。攪拌機的鋼絲拌打器改為槳狀拌打器，倒入融化的吉利丁，保持以中速攪打到變涼為止。

6
最後加入紅色色素，同樣的攪拌到變成淡粉紅色為止。

7
在撒上糖粉和玉米粉作為防沾粉的淺鋼盤上，用1邊為2cm的三角形擠花嘴，將6擠成36cm長，再撒上防沾粉。
＊防沾粉可防止變乾。

8
長度切半後，撒上防沾粉，和其他口味的棉花糖編織後，裝入塑膠袋中。

Guimauve à la poire
西洋梨

分量　36cm長8～9條份

西洋梨糖漿 sirop à la poire

> 西洋梨糊 pulpe de poire —— 75g
> ＊攪碎備用。
>
> 白砂糖 sucre semoule —— 150g
> 水飴 glucose —— 100g

蛋白 blancs d'œufs —— 50g

水飴 glucose —— 150g

吉利丁片 gélatine en feuilles —— 15g
＊泡水回軟備用。

防沾粉 fleurage —— 適量Q.S.
＊糖粉（sucre glace）和玉米粉（amidon de maïs）
以1：1的比例混合使用。

水果糊改用西洋梨糊，和「草莓棉花糖」
（→P.278）相同作法。但是，不使用色素。

Guimauve au cassis
黑醋栗

分量　36cm長8～9條份

黑醋栗糖漿 sirop au cassis

> 黑醋栗糊 pulpe de cassis —— 75g
> ＊攪碎備用。
>
> 白砂糖 sucre semoule —— 150g
> 水飴 glucose —— 100g

蛋白 blancs d'œufs —— 50g

水飴 glucose —— 150g

吉利丁片 gélatine en feuilles —— 15g
＊泡水回軟備用。

防沾粉 fleurage —— 適量Q.S.
＊糖粉（sucre glace）和玉米粉（amidon de maïs）
以1：1的比例混合使用。

水果糊改用黑醋栗糊，和「草莓棉花糖」（→P.278）
相同作法。但是，不使用色素。

Guimauve au fruit de la passion
百香果

分量　36cm長8～9條份

百香果糖漿 sirop au fruit de la passion

> 百香果糊
> pulpe de fruit de la passion —— 75g
> ＊攪碎備用。
>
> 白砂糖 sucre semoule —— 150g
> 水飴 glucose —— 100g

蛋白 blancs d'œufs —— 50g

水飴 glucose —— 150g

吉利丁片 gélatine en feuilles —— 15g
＊泡水回軟備用。

黃色色素 colorant jaune citron —— 適量Q.S.
＊法國Sevarome公司的飴糖用色素「檸檬的黃色
（jaune citron）」。用9倍量的伏特加溶解稀釋。

防沾粉 fleurage —— 適量Q.S.
＊糖粉（sucre glace）和玉米粉（amidon de maïs）
以1：1的比例混合使用。

水果糊改用百香果糊，改用黃色色素，和「草莓棉花糖」（→P.278）相同作法。

Guimauve à la pomme verte
青蘋果

分量　36cm長8～9條份

青蘋果糖漿 sirop à la pomme verte

> 青蘋果糊 pulpe de pomme verte —— 75g
> ＊攪碎備用。
>
> 白砂糖 sucre semoule —— 150g
> 水飴 glucose —— 100g

蛋白 blancs d'œufs —— 50g

水飴 glucose —— 150g

吉利丁片 gélatine en feuilles —— 15g
＊泡水回軟備用。

綠色色素 colorant vert pistache —— 適量Q.S.
＊法國Sevarome公司的飴糖用色素「開心果的綠色
（vert pistache）」。用9倍量的伏特加溶解稀釋。

防沾粉 fleurage —— 適量Q.S.
＊糖粉（sucre glace）和玉米粉（amidon de maïs）
以1：1的比例混合使用。

水果糊改用青蘋果糊，改用綠色色素，和「草莓棉花糖」（→P.278）相同作法。

Nougat de Montélimar
蒙特利馬牛軋糖

提到牛軋糖，它是法國西南部蒙特利馬（Montélimar）的代表性特產，
我覺得它的味道也是一級棒。
從巴黎經國道7號可抵達蒙特利馬，
國道7號線的標誌，外形是附蓋的牛軋糖包裝盒，十分有趣。
一直以來，就是非常著名的地標。
17世紀時，政府獎勵在蒙特利馬周邊栽種杏仁，
這成為牛軋糖生產的契機，也因此成為蒙特利馬的特產。
當地的牛軋糖中，一定要加入整體量30％以上的堅果類，
更嚴格規定，其中的杏仁和開心果需各占多少分量。
若商品成分不清，不能稱為蒙特利馬牛軋糖。
牛軋糖口感雖黏稠，但多虧蛋白的作用，形成脆脆的獨特美味。
不過，為了讓牛軋糖在常溫下保持口感和保形性，
必須謹慎小心地製作糖糊。
根據不同的蛋白與砂糖相對量，及加入蛋白的糖漿溫度，口感也會產生變化。
基本上，使用蛋白倍量的砂糖，才能製作出綿密的義式蛋白霜。
若減少砂糖的分量，做出的牛軋糖就完全不對味了。
順帶一提，牛軋糖又分為，糖糊中不加糖粉凝固的硬牛軋糖（Nougat dur），
以及加糖粉略柔軟的軟牛軋糖（Nougat tendre）。

Nougat de Montélimar
蒙特利馬牛軋糖

分量　55個份

玉米粉 amidon de maïs pour fleurage —— 94g

糖漬櫻桃 bigarreaux confits —— 100g
＊bigarreaux是野生櫻桃的改良種。
使用染成紅色的市售糖漬櫻桃。

歐白芷根 angélique confite —— 50g
＊使用市售品，是法國產香味濃的糖漬歐白芷根。

蜂蜜 miel —— 150g

白砂糖 sucre semoule —— 300g

水飴 glucose —— 50g

蛋白 blanc d'œuf —— 50g

杏仁（連皮）amandes brutes torréfiées —— 175g

榛果 noisettes torréfiées —— 150g
＊上述的2種堅果分別用170～180℃的烤箱烤到內芯上色為止。趁熱依序使用。

開心果 pistaches —— 75g

法蘭酥 gaufrettes —— 20×20cm 2片

1
在工作台上撒上玉米粉，放上蜜漬櫻桃和縱向薄切的歐白芷根備用。
＊若有其他的糖漬水果，也可以使用。

2
在鍋裡放入蜂蜜並加熱至124℃。在別的鍋裡放入白砂糖和水飴，這個要加熱至148℃。蜂蜜煮沸後，用攪拌機以高速開始打發蛋白。
＊為了讓蛋白熟透，不論蜂蜜、砂糖或水飴都充分加熱。

3
蜂蜜達124℃後，攪拌機減速，從鋼盆邊緣倒入蛋白中，倒完之後轉回高速。

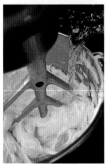

4
將攪拌機的鋼絲拌打器改為槳狀拌打器，以中速攪打，也倒入加熱至148℃的砂糖和水飴。

5
將攪拌機不時暫停，一面刮取清理攪拌缸內側，一面保持以中速攪拌。一直攪拌涼至能久摸缸側的溫度為止。若成為圖中的濃度般，證明糖糊已完成。

6
在5中放入堅果類，斷斷續續按下攪拌機的按鈕各數秒粗略混合。

7
將6放到1上，用沾了玉米粉的手迅速混拌，混成一團即可。

8
將7大致整合成四方形，放在法蘭酥上成為3.8cm厚，再修整成17×20cm強的大小。

9
用測量桿圍住，再蓋上一片法蘭酥夾住。包含法蘭酥共厚4cm，放上取物板上靜置一晚，直到芯心充分凝固為止。

10
凝固後用刀切齊邊端，縱長放置切成4cm寬後，再2～3條一起切成1.5cm寬。

Pâte de fruit
水果軟糖

說起來，水果軟糖就是果凍。

我在法國修業的1960年後半至70年代為止，

若說水果軟糖，

大部分的甜點店都是從手工糖果店購買。

那些水果軟糖是否好吃，答案是「否」。

因為只有甜味。

果膠加入砂糖才會凝固。

為了讓它凝固加入大量砂糖，結果軟糖變得只有甜味。

從前的果膠品質差，必須使用大量砂糖，

不過從20～30年前開始，果膠經過改良，

市面上已推出慕斯用、芭芭露（Bavarois）用等多樣化商品。

即使不加大量砂糖也能凝固，而且也能保留香味。

因此，水果軟糖的味道也變好了。

只有甜味是不行的。

Pâte de fruit à l'abricot
杏桃

分量　54個份

杏桃糊 pulpe d'abricot —— 375g

⌈ 果膠 pectine —— 13g
⌊ 白砂糖 A sucre semoule A —— 38g
＊果膠和白砂糖A一起混合備用。

水飴 glucose —— 125g
＊加入白砂糖B中備用。

白砂糖 B sucre semoule B —— 450g

酒石酸 acide tartrique —— 9g

粗砂糖（白雙糖）sucre cristallisé —— 適量Q.S.

1

在銅鍋中放入杏桃糊加熱煮融，達30～40℃後加入已混合的果膠和白砂糖 A 混合。

＊在30～40℃時加入果膠更具效果。煮沸後加入容易結塊。

2

煮至鍋緣開始噗滋噗滋冒泡，即將沸騰後，加入水飴和白砂糖 B，一面混合，一面加熱至103℃為止。

＊103℃是使口感柔軟的溫度。

3

最後煮到舀起後會迅速落下的濃度即熄火。

4

加入酒石酸混合。

＊酒石酸能增強果膠的效果，加入的目的是為了提高凝固性、增加酸味。

5

在矽膠烤盤墊放上15mm寬的測量桿，內徑框成18×27cm的大小，倒入4。稍微涼了之後再放一片矽膠烤盤墊，在常溫下放置數小時待其凝固。

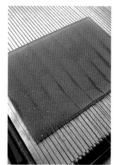

6

凝固後，拿掉上面的矽膠烤盤墊和測量桿，在表面撒上粗砂糖，將附粗砂糖的面朝下，放在巧克力吉他切刀上，切成3cm正方。巧克力吉他切刀的線每切一次就要擦乾淨。

7

在粗砂糖中放入6，一面在其餘的面上沾上粗砂糖，一面將一塊塊分開。

＊粒子大的粗砂糖能使口感產生律動感。

Pâte de fruit à la noix de coco
椰子

分量　54個份

椰子糊 purée de noix de coco —— 250g

鮮奶 lait —— 150g

果膠 pectine —— 14g
白砂糖 A sucre semoule A —— 40g
＊果膠和白砂糖A一起混合備用。

水飴 glucose —— 98g
＊加入白砂糖B中備用。

白砂糖 B sucre semoule B —— 375g

酒石酸 acide tartrique —— 5g

粗砂糖（白雙糖）sucre cristallisé —— 適量Q.S.

① 在銅鍋中放入椰子糊和鮮奶加熱煮融，達30～40℃後加入已混合的果膠和白砂糖A混合（圖a）。
② 煮至鍋緣開始噗滋噗滋冒泡，即將沸騰後，加入水飴和白砂糖 B（圖b），一面混合，一面加熱至105℃為止。
③ 最後煮到舀起後會迅速落下的濃度即熄火（圖c），加入酒石酸混合。
④ 在矽膠烤盤墊上放上15mm寬的測量桿，內徑框成18×27cm的大小，倒入③（圖d）。和「杏桃軟糖」（→P.289）的步驟 5 ～ 7 相同作法。

Pâte de fruit à la fraise
草莓

分量　54個份

草莓糊 pulpe de fraise —— 375g

┌ 果膠 pectine —— 13g
│ 白砂糖 A sucre semoule A —— 38g
└ ＊果膠和白砂糖A一起混合備用。

水飴 glucose —— 125g
＊加入白砂糖B中備用。

白砂糖 B sucre semoule B —— 450g

酒石酸 acide tartrique —— 9g

粗砂糖（白雙糖）sucre cristallisé —— 適量Q.S.

a

b

① 在銅鍋中放入草莓糊加熱煮融（圖a），達30～40℃後加入已混合的果膠和白砂糖 A 混合。煮至鍋緣開始噗滋噗滋冒泡，即將沸騰後，加入水飴和白砂糖 B，一面混合，一面加熱至103℃為止（→P.289・1～2）。

② 最後煮到舀起後會迅速落下的濃度即熄火（圖b），加入酒石酸混合。

③ 和「杏桃軟糖」的步驟 5～7 相同作法（→P.289）。

Fruits confits
糖漬水果

我致力研究手工糖果當時，引進了真空釜。

水果在真空狀態下受熱，能充分煮透、不碎爛，

糖漿等也能滲透得更徹底。

而且在真空下以低溫受熱，水果還能保留新鮮感。

在採購這個機器之前，說到糖漬水果，

就只能處理鳳梨圓片和橙皮等較薄的種類。

除非去盛行手工糖果的南法地區，否則一般甜點店的工作室使用的鍋釜，

除了薄片水果外，其他的都很難進行糖漬作業。

真空釜的不同點在於，整顆柳橙或鳳梨等水果

都能完整的放入其中進行糖漬作業。

基本上，糖漬水果的糖度是65～70％brix。使用真空釜最大的優點，

除了能保持這個糖度外，還能保留水果的新鮮感與香味，

製作出美味、多樣化的糖漬水果。

另外，糖漬作業時我還採用滲透性佳的果糖，

搭配機器的作用，糖漿能充分均勻地滲入水果中。

最後浸漬高糖度的糖漿，放入烤箱一下使其散發光澤，

不過糖漿的糖度，放入烤箱的時間，對光澤都有微妙的影響。

這也是考驗職人功力的瞬間。

Oranges confites
柳橙

分量

＊使用真空釜。

柳橙 oranges —— 適量Q.S.

波美度20°的糖漿 sirop à 20°B

    ┌ 果糖 fructose —— 5250g

    ＊若白砂糖是7000g。用果糖時取白砂糖的75％量即可。以下相同。

    └ 水 eau —— 14ℓ

    果糖 fructose —— 適量Q.S.

1
用針戳刺柳橙。在果肉上均勻戳滿小孔，針刺到果肉為止。
＊使用整顆柳橙時，戳孔是為了讓火力順利達到中心。也可用小刀尖深切切口。

2
在真空釜中放入1，加入能蓋過柳橙的水（分量外），真空加熱至100℃（圖中是和其他水果一起加熱），讓糖漿充分浸透，纖維變得柔軟。
＊真空下100℃，大致相當於外氣壓下120℃的程度。

3
達100℃後切斷電源，直接靜置一晚。讓中心充分熟透，成為按壓後會凹陷般的柔軟度。
＊真空釜是雙層構造，達到100℃後，中間層水會自動通過，冷卻鍋裡材料。

4
從3的釜裡取出柳橙，倒掉裡面的水分。在釜裡放入波美度20°糖漿的材料，煮沸。將柳橙倒回釜裡，不加熱，真空靜置一晚。
＊真空狀態下，糖漿較容易浸透。

5
隔天早上，將4連同糖漿倒入大容器中。因為水果會浮起，所以放上模型等作為鎮石，讓糖漿浸透柳橙。
＊因為真空釜另有他用，所以白天移至別的容器中。

6
釜中若有空隙，只倒入糖漿，加入該重量0.75％的果糖煮沸。倒回柳橙後，真空靜置一晚。每天重複自5起的作業。圖中是第4天的情形。

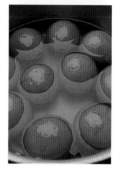

7
左圖是大約2週的狀態。糖度若達65～70％brix即完成。再進行次頁的裝飾。
＊使用白砂糖時，達到這個糖度後，砂糖會結晶化，最後糖漿中會添加水飴，但果糖具有保濕性，所以不必加水飴。

Écorce d'orange confite
糖漬橙皮

1
參照「糖漬柳橙」的2～3，加熱切半的柳橙。瀝除水分後，趁熱用湯匙刮除內側的薄皮和果肉，水洗去除果肉，充分瀝除水分。和4～6同樣的，重複只加熱糖漿倒回橙皮的作業。圖中是第1週的情形。

2
左圖是約2週的狀態。若糖度成為65～70％brix即完成。接著進行次頁的裝飾。糖漬橙皮作為配料用途廣泛。作為配料時充分瀝除湯汁後使用。

Finition
糖漬水果的裝飾

分量　所有水果均共通
波美度20°的糖漿 sirop à 20°B（→P.202）—— 適量Q.S
波美度36°的糖漿 sirop à 36°B
- 白砂糖 sucre semoule —— 3000g
- 水 eau —— 1000g

1
從糖漿中撈出水果放在網架上，瀝除水分（égoutter）。
＊已釋入香味的糖漿也很美味。

2
適量製作波美度20°的糖漿（→P.202），放涼到感覺溫熱的程度，用糖漿清洗1後，放在網架上。

3
在銅鍋中混合白砂糖和水煮沸，製作波美度36°的糖漿。煮沸後用打蛋器如推搓般混拌糖漿，直到變成看不清鍋底的白濁度為止。
＊糖漿若保持透明，會滑落無法作為糖衣。

4
在3的糖漿中浸入2的水果，取出放到網架上。

5
將4放入180～200℃的烤箱中30～40秒，呈現光澤後即取出。
＊柳橙以糖衣覆面，重點是能夠明顯呈現光澤。若浸泡太久，糖衣會變得太白而失去光澤。

Ananas confit
鳳梨

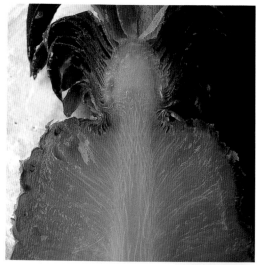

分量

鳳梨 ananas —— 1個

波美度20°的糖漿 sirop à 20°B

[果糖 fructose —— 5250g

水 eau —— 14ℓ

果糖 fructose —— 適量O.S.

和整顆「糖漬柳橙」（→P.294）一樣的作法，再裝飾（→P.296）。但是，製作整顆鳳梨時，為了充分浸漬糖漿，需準備較大的容器。

Gingembre confit, Rondelle d'orange confite,
Rondelle d'ananas confite
薑、柳橙圓片、鳳梨圓片

分量

水果 —— 各適量Q.S.

[薑（生的。去皮）gingembres frais

柳橙圓片 rondelles d'oranges surgelées

＊西班牙產的柳橙冷凍品。

鳳梨圓片 rondelles d'ananas au sirop

＊美國Dole公司的糖漬罐頭。

波美度20°的糖漿 sirop à 20°B

[果糖 fructose —— 5250g

水 eau —— 14ℓ

果糖 fructose —— 適量Q.S.

和整顆「糖漬柳橙」（→P.294）一樣分別製作，再裝飾（→P.296）。但是，除了薑以外，都不必用針刺洞。柳橙圓片直接以冷凍品，而糖漬鳳梨倒掉罐頭糖漿後，兩者分別從水煮起，再重新浸漬糖漿。

Confiture

果醬

我喜愛果醬，一直有製作、販售。

果醬在鍋裡長時間熬煮，會產生一股火的氣味。

這股「果醬氣味」就像是曬過的氣味。

那個氣味模糊掉素材原來的香味。

完熟的無花果、杏桃乾等澀味重的水果，

這股果醬氣味雖沒有那麼重，但水果風味完全被抹殺。

多年來我不斷思考如何改善這種情況。

說到果醬和糖漬水果（→P.292），

考慮到糖度必須有65～70％brix。

譬如只有55％brix的話，不是糖漬水果，

而是減糖果醬（mi-confiture），原文要加上「中間」之意的「mi」字。

另外，糖度超過70％brix，糖漬水果會結晶化，變成不同之物。

55％brix的果醬，雖然有明顯的水果味，

不過這個糖度不能稱為果醬。

要有果醬的糖度，還要保留新鮮感，

為解決這個問題，我引進真空釜。

在真空狀態下以低溫加熱，砂糖的滲透也變好。

果醬的顏色也漂亮，味道與顏色都能呈現出新鮮感。

Cofiture de tomates vertes
青番茄果醬

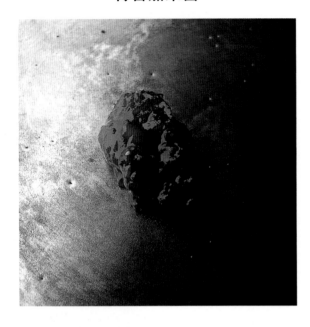

分量　180g瓶　8個＋280g瓶　2個份
＊使用真空釜。

青番茄 tomates vertes mondées —— 3800g
＊使用大小參差不齊的B級品。泡熱水去皮。

果糖 fructose —— 1425g

鹽 sel —— 3.3g

羅勒（乾）basilic sec —— 11.1g

檸檬汁 jus de citron —— 41g

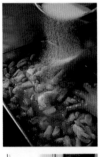

1
已泡熱水去皮的番茄以亂刀切塊，慢慢加入果糖混合。

4
停下機器、開蓋，加入羅勒和鹽。自此開始一面檢視狀況，一面作業。再將釜設定真空，溫度下降約至70℃，轉數降至每分鐘30～40轉，再轉10～15分鐘。

2
將1放入真空釜中，加蓋設定真空、每分鐘45轉、100℃（外氣壓相當於120℃左右），轉動380秒。接著再轉5秒、停2秒。
＊每分鐘45轉這樣慢慢的轉動，是為了保留番茄塊。

5
用糖度計測量糖度，嚐味道和察看狀況，調整機器運作的時間。

3
用蓋上所附的刮板，將黏在釜上的果肉刮落，同時讓位於底部的槳葉攪拌。槳葉上沒有刃。

6
糖度若達66～67％brix，加檸檬汁攪拌一下，裝瓶加蓋。用110℃的蒸氣機殺菌10分鐘（→P.301「榲桲果醬」的6）。
＊番茄因水分多、糖分少，所以糖度較難提升。使用水果的話，能夠較快完成。

Gelée de coings
榲桲果醬

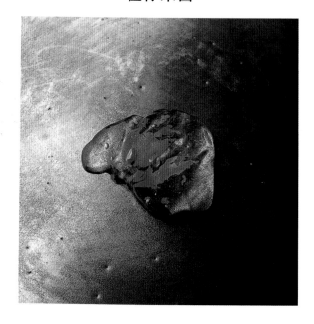

分量　180g瓶 12個＋280g瓶 5個份

＊自途中使用真空釜。

榲桲 coings —— 去皮和種子4500g

＊類似水梨的薔薇科水果。

果糖 fructose —— 適量Q.S.

1

圖中是新鮮的榲桲。具有絨毛，散發蘋果般香味。用海綿搓洗，清除絨毛。

4

將3用棉布過濾，直接置於常溫中一晚。因為要使用煮汁，所以經過一晚後，計量煮汁的重量。

＊用布過濾後剩餘的果肉，可製成糊，拿來使用於水果軟糖（→P.286）中。

2

縱切4等份，去除皮和種子，切片。種子附近果膠多的部分勿丟棄。計量重量，這時是4500g。

5

在真空釜中放入煮汁和其75％重量的果糖（拍攝時是2362.5g），設定真空、80℃加熱10～15分鐘（加熱時槳葉不轉動）。自此一面檢測糖度，一面加熱，若糖度達66～67％brix即完成。

3

在銅鍋中放入和2等量的水煮沸，放入2的榲桲。以中火煮30～40分鐘（blanchir）直到變軟為止。

6

裝瓶加蓋，放入110℃的蒸氣機中加熱殺菌10分鐘。

甜點的記憶

本書選擇一口甜點和手工糖果作為主題，是因為它們是容易表現自我風格的甜點類型。說到新鮮類、半乾類、乾燥類一口甜點及手工糖果，品項多得不可勝數，我一面悠遊其中，一面還能表現各式各樣的自我風格。這是職人最開心的事。

本書將介紹兩大主題。一是希望讀者徹底了解一口甜點的各個範疇，以及傳達手工糖果是什麼樣的甜點。另一個是，請讀者意識到甜點職人「表現力」的重要性。

1970年左右，在法國出版的《廚藝學院（Académie Culinaire）》一書中，以一口甜點是「佛羅倫斯的甜點」為題，首度介紹「手指餅乾（Biscuit à la cuillère）」。1540年頃，麥迪奇（Medici）家族的廚師用湯匙舀取麵糊烤出手指餅乾（1811年，天才甜點職人安東尼‧卡瑞蒙（Marie-Antoine Carême）發明擠花袋，才變成擠製後烘烤）。馬卡龍（Macaron）或裡面夾入法蘭奇帕內奶油餡（Crème frangipane）的杏仁奶油餅（Frangipane），也是16世紀當時的設計。之後，1613年時的艾克斯可利頌杏仁餅（Calisson d'Aix）、1703年以湯匙舀取烘烤成的開心果蛋白餅（Meringue à la pistache）等相繼問世。陸續開發出的甜點新配料有：1720年的義式蛋白霜（Meringue italienne）、1737年的杏仁膏（Massepain），以及1823年的翻糖（fondant）等，同時，一口甜點的種類和範圍也慢慢越來越廣。

到了1900年左右，隨著生活現代化，人們生活逐漸變得寬裕，對一口甜點產生了需求，一口甜點也發展、根植於生活中。但是，我們不可忘記，一口甜點有今天的發展與多樣化，得力於手指餅乾誕生後，許多職人不斷地累積技術，努力開發配料的背景。

以馬卡龍來說，它不是一朝一夕就能產生的甜點。而是歷代職人們，不斷製作獨創風格的馬卡龍，才得出今天的成果。希望以不同的作法來表現，製作出更美味的馬卡龍，若是甜點職人應該都有這樣想法與作法。我希望各位能憶起它有這樣的歷史。

因為流行才製作，或只是模仿他人的食譜來製作，甜點店這樣的作為實在很「膚淺」。我想說的是，先徹底磨練、充實基本技術，之後在自己心中為各甜點加上定義，費心思考具自我風格的馬卡龍，再開始製作吧。過去的職人們都是這樣穩紮穩打。手工糖果也一樣，因為牛奶糖蔚為風潮，或是大家開始賣水果軟糖就去製作，怎麼這樣呢？我想即使銷售情況暫時不錯，甜點職人的生活態度，應該致力於若是自己會如何製作，又會表現什麼樣的風格吧。

本書介紹的甜點都加入我個人風格的表現，不過在漫長歲月中，一口甜點原是由許多職人培育而成，說起來也是「記憶（mémoire）」的甜點。所以我以「甜點的記憶」為標題，向展現個人風格的過去職人們致上我崇高的敬意。在本書裡，我打算在記憶的甜點中添加新的表現。

製作甜點需要面對人們的刺激。上次出版《甜點教父河田勝彥的完美配方》和現在出版這本書，有幸得力於日置武晴先生富光影的照片、食物造型師高橋みどり小姐的設計感，以及有山達也先生和飯塚文子小姐的美術設計，讓我獲得力量。感謝優秀的大眾讓我表現個人的甜點，讓一個職人獲得如此的自信，這是件很幸福的事。與此同時，我感覺到內心燃起了一股「熱情」。

2008年我已64歲，不過至今我內心仍有熱情，還有很多事想去完成。那些是什麼還沒有答案，不過我期許自己，明年、後年我都會一直持續表現製作自我風格的甜點。

2008年初夏　河田勝彥

PROFILE

河田勝彦　Kawata Katsuhiko

生於1944年。1967年前往法國修業近10年的時間，
最後在巴黎的「巴黎希爾頓飯店」擔任甜點主廚。
回國後，最初在故鄉埼玉縣浦和，從事巧克力甜點和烘焙類小糕點等的批發。
1981年，在世田谷區的尾山台開設「懷念的時光（AU BON VIEUX TEMPS）」至今。
他廣泛學習各類型甜點，
希望今後能製作、販售表現自我精髓的獨創甜點，
常有新作推出，積極開拓新類型的甜點。
2007年，全心投入打造理想中的手工糖果工作室，
以充實手工糖果的賣場。
著作有《甜點教父河田勝彥的完美配方》。

TITLE

河田勝彦　法式一口甜點・手工糖果

STAFF		ORIGINAL JAPANESE EDITION STAFF	
出版	瑞昇文化事業股份有限公司	撮影	日置武晴
作者	河田勝彦	スタイリング	高橋みどり
譯者	沙子芳	アートディレクション	有山達也（アリヤマデザインストア）
		デザイン	飯塚文子（アリヤマデザインストア）
總編輯	郭湘齡	編集	猪俣幸子
責任編輯	黃美玉		
文字編輯	徐承義　蔣詩綺		
美術編輯	孫慧琪		
排版	二次方數位設計		
製版	明宏彩色照相製版股份有限公司		
印刷	皇甫彩藝印刷股份有限公司		
法律顧問	經兆國際法律事務所　黃沛聲律師		

戶名	瑞昇文化事業股份有限公司
劃撥帳號	19598343
地址	新北市中和區景平路464巷2弄1-4號
電話	(02)2945-3191
傳真	(02)2945-3190
網址	www.rising-books.com.tw
Mail	resing@ms34.hinet.net
本版日期	2019年12月
定價	1200元

國家圖書館出版品預行編目資料

河田勝彥法式一口甜點.手工糖果 / 河田勝彥著；
沙子芳譯. -- 初版. -- 新北市：瑞昇文化, 2017.11
312面；18.2 公分 X 25.7公分
ISBN 978-986-401-199-5(精裝)

1.點心食譜

427.16　　　　　　　　　　　　106015856